高层写字楼核心筒设计参考图集

REFERENCE PLAN ATLAS FOR DESIGN OF HIGH RISE COMMERCIAL TOWER CORE

策划 洲联集团

编著 吴观张 李 祥

中国建筑工业出版社

图书在版编目（CIP）数据

高层写字楼核心筒设计参考图集 / 吴观张，李祥编著. —
北京 ： 中国建筑工业出版社，2014.10
ISBN 978-7-112-17340-2

Ⅰ. ①高…　Ⅱ. ①吴…　②李…　Ⅲ. ①高层建筑—行政
建筑—建筑设计—图集　Ⅳ. ①TU243.2-64

中国版本图书馆CIP数据核字(2014)第229185号

责任编辑：马　彦
责任校对：陈晶晶　关　健

高层写字楼核心筒设计参考图集
策划　洲联集团
编著　吴观张　李　祥

*

中国建筑工业出版社出版、发行（北京西郊百万庄）
各地新华书店、建筑书店经销
洲联集团五合视觉制版
北京云浩印刷有限责任公司印刷

*

开本：787×1092毫米　横1/16　印张：5½　字数：137 千字
2015年2月第一版　2015年2月第一次印刷
定价：20.00元
ISBN 978-7-112- 17340- 2
　　　（26101）

PREFACE
序

本书作者吴观张先生早年曾担任北京市建筑设计院院长，主持或参与过毛主席纪念堂、建国门外交公寓、小型使馆、国际俱乐部、友谊商店、首都宾馆等一批著名工程项目的设计工作，有非常丰富的工程设计经验。20 世纪 80 年代初，我在清华大学建筑系学习时，吴老就作为外聘导师，辅导过我们的设计课，至今记忆犹新。2006 年 5 月 22 日吴老受聘成为洲联集团顾问总建筑师，继续辅导年轻建筑师的设计工作。

洲联集团 -五合国际作为著名的国际化规划设计机构，在承担大量工程项目设计的同时，非常注重技术研发和年轻设计师的培养，建立了一整套研发制度和多层次的人才培养计划，并在实践中不断完善提升。本书即是洲联集团 2013/2014 年度研发成果之一。

高层写字楼建筑设计中核心筒设计是关键环节之一，它牵涉到写字楼功能组织、使用效率、结构布局、消防疏散、机电设备、经济合理等多方面因素。本书提供了不同平面形式高层写字楼典型核心筒设计，所有图纸均由吴老辅导年轻建筑师原创设计绘制，对写字楼建筑设计、特别是对写字楼快速方案设计有较高参考价值。

卢求
德国可持续建筑委员会（DGNB）国际部董事
洲联集团 -五合国际（WWW5A）副总经理

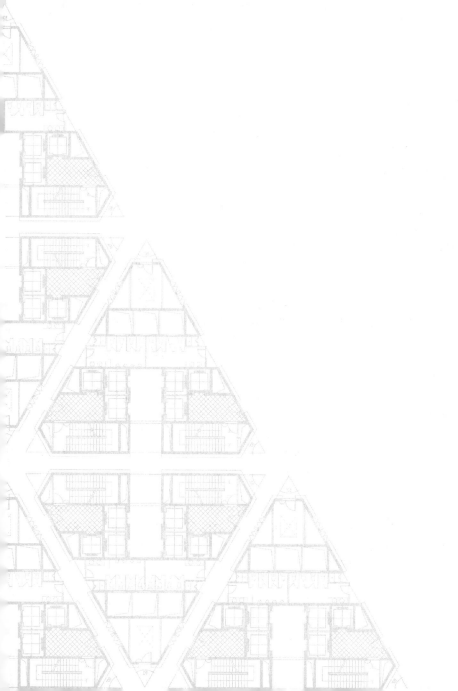

INSTRUCTION
说明

一、说在前面

● 本图集是供建筑师设计高层（100m 以下）写字楼方案参考使用的。

● 本图集写字楼核心筒图仅供参考。因为：

▲ 核心筒的设计是根据有关规范和设计者本人在设计实践中的经验完成的。因设计者学术水平所限，必然有很多不足之处。

▲ 核心筒图的有关数据和设备选用都是由设计者确定的，但实际工作中情况十分复杂，在使用中可进行必要的调整。

▲ 建筑师在设计过程中能从本书中得到一些启发则是制作者制作本图集的初衷。

● 本图集取名《高层写字楼核心筒设计参考图集》强调"参考"二字。

二、制作本图集核心筒的相关数据

● 核心筒中乘客电梯数量（不包括服务电梯数量）的选择和选型。

	电梯服务面积（㎡/台）	电梯载重量(kg/人数)	电梯门宽尺寸(mm)
经济型	5000	1000/13~1000/16	900~1000
适用型	4000	1000/13~1350/18	900~1000
舒适型	≤3000	1200/16~1600/21	900~1100

▲ 按每栋楼的总建筑面积计算乘客电梯数量（台），楼内不使用电梯的楼层的建筑面积不计入内。

▲ 每栋楼的有效使用面积按总建筑面积的 65%~75% 计算，一般可按 70% 计算。标准层有效使用面积按标准层建筑面积的 65%~75% 计算，一般可按 70% 计算。

▲ 每栋楼的使用人数按有效使用面积的 10~12 ㎡/人 计算。标准层的使用人数按有效使用面积的 10~12 ㎡/人 计算。

▲ 按照写字楼的规模和层数考虑电梯的运行方式。规模大、楼层多的写字楼电梯也多，可采用高低位 2~X 段运行，每段每组客电梯数量 2~8 台，每段运行 8~15 层为宜。高段位电梯可选择速度快的电梯，还可以将高或低段的电梯等候厅作为卫生间等使用。

▲ 所有客电梯在发生火灾时均用防火卷帘封闭，电梯则自动一落到底，以便梯内人员疏散。

▲ 本图集核心筒图中的乘客电梯选用"三菱小机房电梯"：轿厢代号 P16，额定载重 1200kg，乘客人数 16 人，速度 1.0~3.0m/s，轿厢尺寸 1800mm×1500mm，门开口 1000mm，最小井道尺寸 2230mm×2170mm。图纸中井道净尺寸为 2300mm×2200mm。

● 核心筒中的疏散楼梯、消防电梯及消防前室的设置。

▲ 本图集中核心筒设置两座疏散楼梯，并都通向屋顶，(GB50045-2005)(6.27)；每层疏散楼梯总宽度应按其通过人数每 100 人不小于 1.00m 计算，疏散楼梯的最小净宽不小于 1.2m。

▲ 本图集中疏散楼梯的最小净宽采用 ≥ 1.2m，休息平台 ≥ 1.2m，踏步为 ≤ 0.16m×≥ 0.28m（高×宽）（《全国民用建筑工程设计技术措施》(2009 年版)8.2.2; 8.2.3)。

▲ 本图集中的疏散楼梯都设置前室，与消防电梯合用的前室 ≥ 10m²，单独设置的 ≥ 6m²。楼梯间与前室均有送风管道。

● 本图集中核心筒都设置强、弱电间和必要的管道间。

● 本图集中核心筒中均设有男女卫生间。

● 本图集中核心筒中设有 1~2 间设备间，可作为新风加风机排管一般空调机房使用，空调机组可吊在顶板下。

注：有些专业人员希望将空调机房放在靠近外墙的空间内；对于高档写字楼采用变风量空调系统的则要做调整。

● 核心筒中服务电梯（兼消防电梯）数量选择和选型。

▲ 服务电梯台数一般按照客电梯总数的 30%~50% 设置。

▲ 本图集中核心筒中设置服务电梯（兼消防电梯）只放置 1~2 台。高档、规模大的写字楼可增设服务电梯数量，可在核心筒外设置或另作核心筒图纸。

▲ 本图集中规模较小的写字楼设一台服务兼消防电梯，标准层建筑面积 <1500m²，规模大的写字楼设两台服务兼消防电梯，标准层建筑面积可大于 1500m²。

▲ 本图集中核心筒内服务兼消防电梯选用三菱小机房电梯：轿厢代号 P14，额定载重 1050kg，乘客人数 14 人，速度 1.0~2.5m/s，轿厢尺寸 1600mm×1500mm，门开口 900mm，最小井道尺寸 2000mm ×2090mm，图中井道

净尺寸 2000mm×2100mm。

▲消防电梯应层层停靠。

三、本图集中图纸版面说明

●图集中每张图版面分成几大格，其中包括：

▲核心筒标准层平面图和有关数据。

▲写字楼标准层平面示意图和有关数据。

▲页码、图纸编号。

注：

1. 核心筒的所有墙体均按 200mm 作图，核心筒的外框墙外的虚线表示墙可以向轴线外扩大。

2. 所有的数据只作粗算，不一定准确；核心筒标准层面积按轴线尺寸计算。

●编号说明

▲本图集制作了四种不同形状、适应不同形状的写字楼标准层核心筒图纸。

这四种形状分别为正方形□、长方形▭、等边三角形△和走道穿过型目，用以适应不同形状的写字楼标准层平面。

□ 可适用于方形、八角形、圆形等写字楼等的标准层平面。

▭ 可适用于长方形、椭圆形、梭形等写字楼等的标准层平面。

△ 可适用于等边三角形、等腰三角形、梯形等写字楼的标准层平面。

目 可适用于方形、长方形、圆形、椭圆形、梭形等写字楼的标准层平面。

注：图集中标准层平面图为示意图。

▲本图集中的编号，如：

⑥A -1 或 2、⑥B -1 或 2、⑥C -1 或 2，框内数字表示客电梯台数。

▲在 □、▭ 、△ 形核心筒后的 A、B、C 为客电梯厅的布局和候梯厅的不同布局形式。

A 为走道进入垂直电梯候梯厅的布局。

B 为面向大堂和楼层走道并有自己的候梯厅的布局。

C 为借用筒外的走道稍作扩大的电梯候梯厅的布局。

▲ 目 形的核心筒是走道从筒中穿过，电梯退后，连通走道形成的候梯厅的布局。装防火卷帘在遇到灾害时可封闭，A 代表单核心筒，B 代表双核心筒。

●在 A、B、C 后的 1 和 2 代表设一台消防电梯和 2 台消防电梯。

四、层高

采用 4000mm~4200mm 的层高，是当前写字楼普遍采用的数据，小于 4000mm 本图还可使用，但面积会有所浪费，大于 4200mm 则图中楼梯间长度要重新调整。

五、最后的话

●本图集在编制过程中得到洲联集团公司领导、洲联集团（北京公司）和技术中心各位同事的大力支持，表示感谢。

●本图集在编制过程中还得到有相当经验的建筑师董笑岩、有相当经验的结构工程师赵安忠、资深设备工程师韩志刚和资深电气工程师苏宁的帮助，表示感谢。

●本图集编制过程中，因编制人员水平所限，遗漏和错误之处在所难免，请见谅，并请读者提出宝贵意见。

●本图集编制人员为本公司：吴观张（集团顾问总建筑师）、李祥（北京公司六室建筑师）、张博涵（北京公司六室建筑师助理）。

CONTENTS
目录

1 Square
正方形

2 Rectangular
长方形

3 Triangle
三角形

4 The Middle Aisle
中间过道形

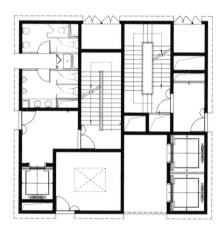

1

Square

正方形

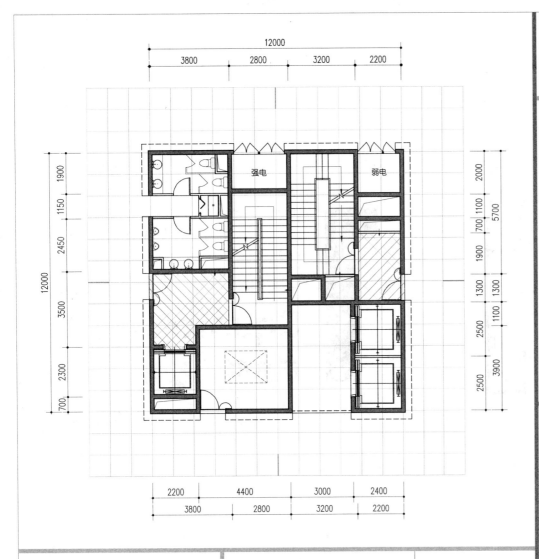

强电 **弱电**

核心筒标准层平面

核心筒标准层轴线面积（m²）：144

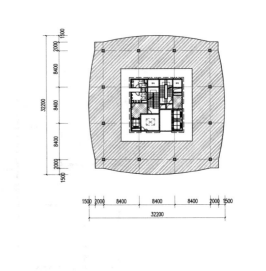

写字楼标准层平面示意图

写字楼标准层面积（m²）：954

写字楼建筑面积（m²）	9540
核心筒面积/标准层面积（%）	15.1%
层数	10
柱网（mm）	8400
建筑面积/客电梯数（m²/台）	4770

建筑面积适用范围（m²）	6000~10000	
标准层面积限制范围（m²）	≤1500	
标准层客电梯数量（台）	2	层层停靠
标准层服务兼消防电梯数量（台）	1	层层停靠

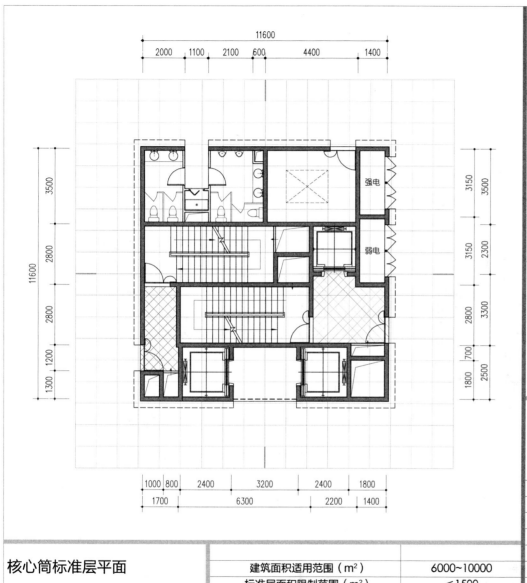

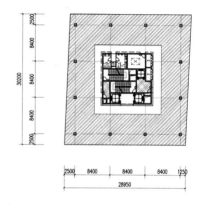

2 B-1

写字楼标准层平面示意图

写字楼标准层面积（m²）：948.64

写字楼建筑面积（m²）	9486.4
核心筒面积/标准层面积（%）	15.1%
层数	10
柱网（mm）	8400
建筑面积/客电梯数（m²/台）	4743

核心筒标准层平面

核心筒标准层轴线面积（m²）：144

建筑面积适用范围（m²）	6000~10000	
标准层面积限制范围（m²）	≤1500	
标准层客电梯数量（台）	2	层层停靠
标准层服务兼消防电梯数量（台）	1	层层停靠

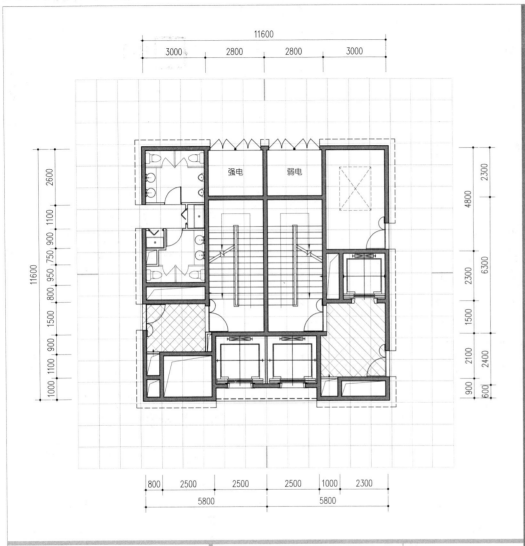

核心筒标准层平面

核心筒标准层轴线面积（m²）：134.56

建筑面积适用范围（m²）	6000~10000	
标准层面积限制范围（m²）	≤1500	
标准层客电梯数量（台）	2	层层停靠
标准层服务兼消防电梯数量（台）	1	层层停靠

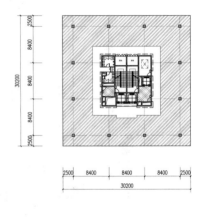

② C-1

写字楼标准层平面示意图

写字楼标准层面积（m²）：912.04

写字楼建筑面积（m²）	10032
核心筒面积/标准层面积（%）	14.8%
层数	11
柱网（mm）	8400
建筑面积/客电梯数（m²/台）	5016

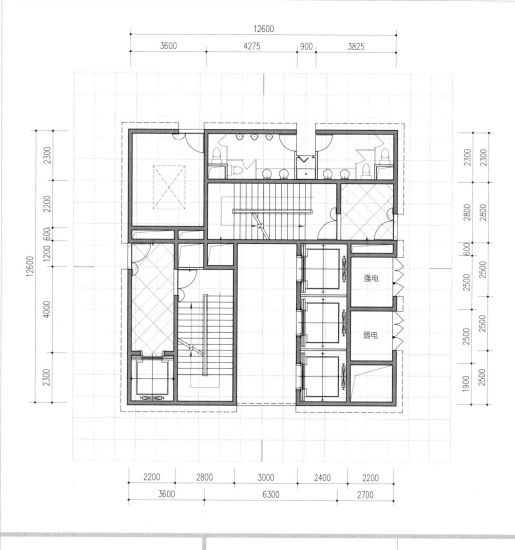

核心筒标准层平面

核心筒标准层轴线面积（m²）：158.76

建筑面积适用范围（m²）		9000~15000
标准层面积限制范围（m²）		≤1500
标准层客电梯数量（台）	3	层层停靠
标准层服务兼消防电梯数量（台）	1	层层停靠

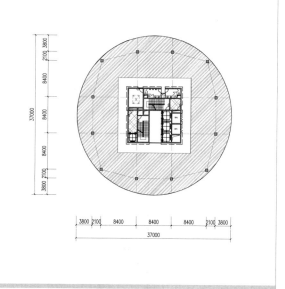

写字楼标准层平面示意图

写字楼标准层面积（m²）：1075

写字楼建筑面积（m²）	15050
核心筒面积/标准层面积（%）	14.8%
层数	14
柱网（mm）	8400
建筑面积/客电梯数（m²/台）	5017

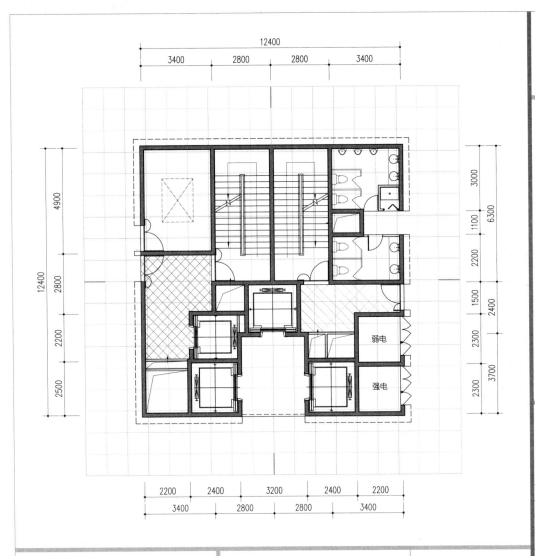

写字楼标准层平面示意图

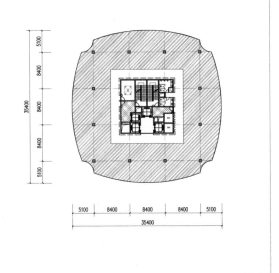

写字楼标准层面积（m²）：1080

写字楼建筑面积（m²）	15120
核心筒面积/标准层面积（%）	14.2%
层数	14
柱网（mm）	8400
建筑面积/客电梯数（m²/台）	5040

弱电

强电

核心筒标准层平面

核心筒标准层轴线面积（m²）：153.76

建筑面积适用范围（m²）		9000~15000
标准层面积限制范围（m²）		≤1500
标准层客电梯数量（台）	3	层层停靠
标准层服务兼消防电梯数量（台）	1	层层停靠

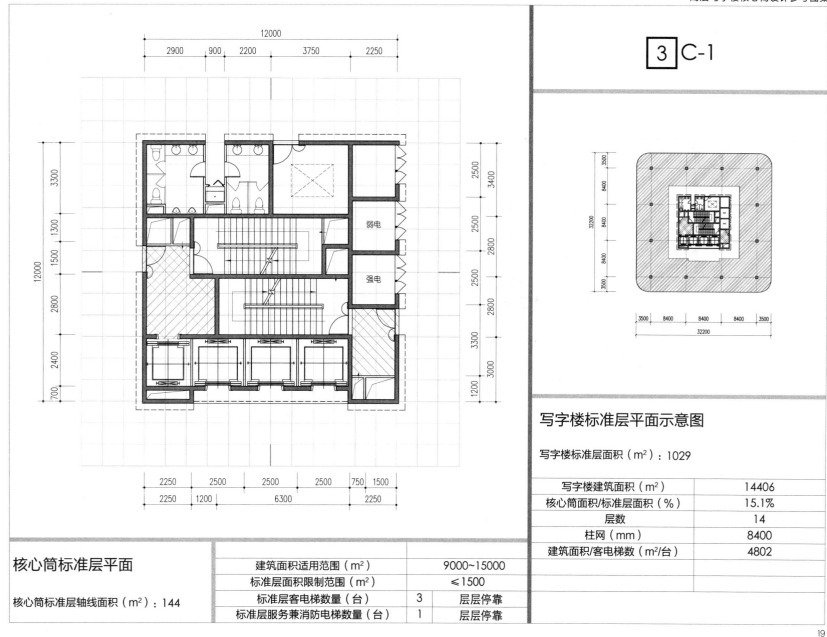

3 | C-1

写字楼标准层平面示意图

写字楼标准层面积（m²）：1029

写字楼建筑面积（m²）	14406
核心筒面积/标准层面积（%）	15.1%
层数	14
柱网（mm）	8400
建筑面积/客电梯数（m²/台）	4802

核心筒标准层平面

核心筒标准层轴线面积（m²）：144

建筑面积适用范围（m²）	9000~15000	
标准层面积限制范围（m²）	≤1500	
标准层客电梯数量（台）	3	层层停靠
标准层服务兼消防电梯数量（台）	1	层层停靠

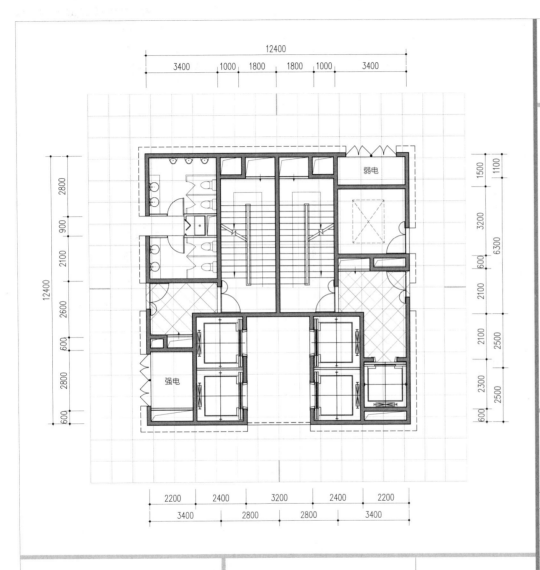

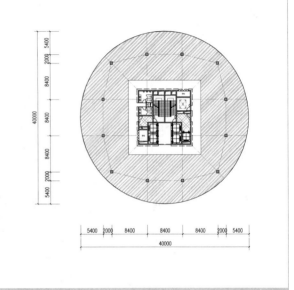

弱电

强电

核心筒标准层平面

核心筒标准层轴线面积（m²）：153.76

写字楼标准层平面示意图

写字楼标准层面积（m²）：1257

写字楼建筑面积（m²）	20096
核心筒面积/标准层面积（%）	12.2%
层数	16
柱网（mm）	8400
建筑面积/客电梯数（m²/台）	5024

建筑面积适用范围（m²）		12000~20000
标准层面积限制范围（m²）		≤1500
标准层客电梯数量（台）	4	可分段运行
标准层服务兼消防电梯数量（台）	1	层层停靠

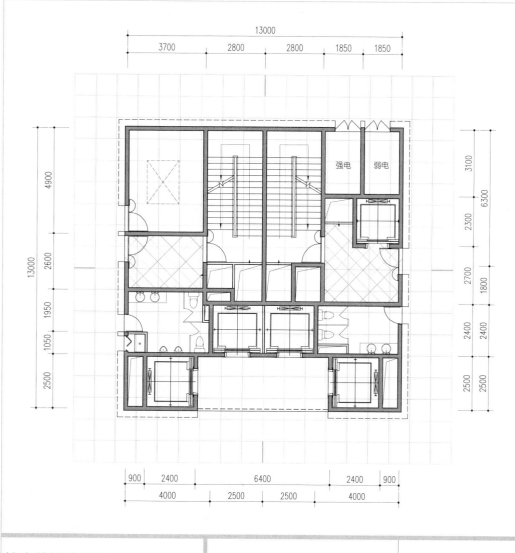

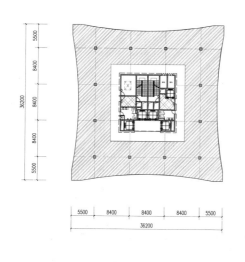

写字楼标准层平面示意图

写字楼标准层面积（m²）：1456

写字楼建筑面积（m²）	18928
核心筒面积/标准层面积（%）	13.7%
层数	13
柱网（mm）	8400
建筑面积/客电梯数（m²/台）	4732

核心筒标准层平面

核心筒标准层轴线面积（m²）：169

建筑面积适用范围（m²）	12000~20000	
标准层面积限制范围（m²）	≤1500	
标准层客电梯数量（台）	4	可分段运行
标准层服务兼消防电梯数量（台）	1	层层停靠

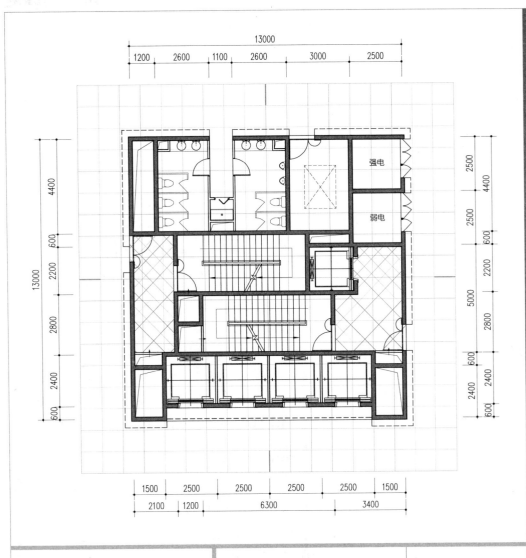

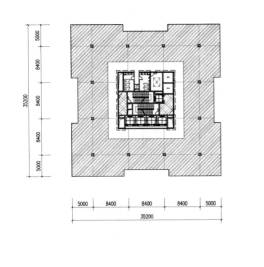

写字楼标准层平面示意图

写字楼标准层面积（m²）：1252

写字楼建筑面积（m²）	18780
核心筒面积/标准层面积（%）	13.5%
层数	15
柱网（mm）	8400
建筑面积/客电梯数（m²/台）	4695

核心筒标准层平面

核心筒标准层轴线面积（m²）：169

建筑面积适用范围（m²）	12000~20000	
标准层面积限制范围（m²）	≤1500	
标准层客电梯数量（台）	4	可分段运行
标准层服务兼消防电梯数量（台）	1	层层停靠

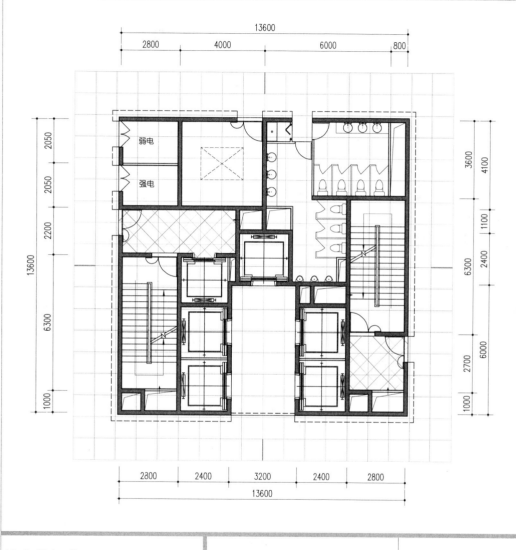

核心筒标准层平面

核心筒标准层轴线面积（m²）：184.96

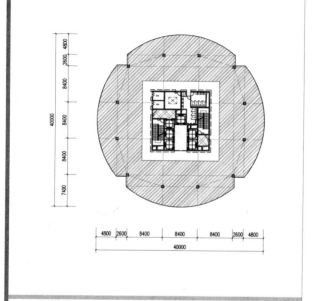

写字楼标准层平面示意图

写字楼标准层面积（m²）：1245

写字楼建筑面积（m²）	24900
核心筒面积/标准层面积（%）	14.9%
层数	20
柱网（mm）	8400
建筑面积/客电梯数（m²/台）	4980

建筑面积适用范围（m²）	15000~25000	
标准层面积限制范围（m²）	≤1500	
标准层客电梯数量（台）	5	可分段运行
标准层服务兼消防电梯数量（台）	1	层层停靠

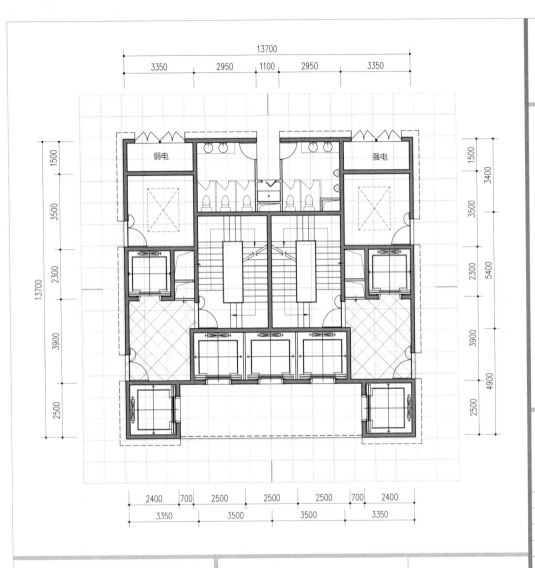

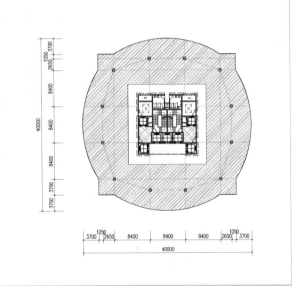

写字楼标准层平面示意图

写字楼标准层面积（m²）：1252

写字楼建筑面积（m²）	25040
核心筒面积/标准层面积（%）	14.9%
层数	20
柱网（mm）	8400
建筑面积/客电梯数（m²/台）	5008

核心筒标准层平面

核心筒标准层轴线面积（m²）：187.69

建筑面积适用范围（m²）	15000~25000	
标准层面积限制范围（m²）	<2000	
标准层客电梯数量（台）	5	层层停靠
标准层服务兼消防电梯数量（台）	2	层层停靠

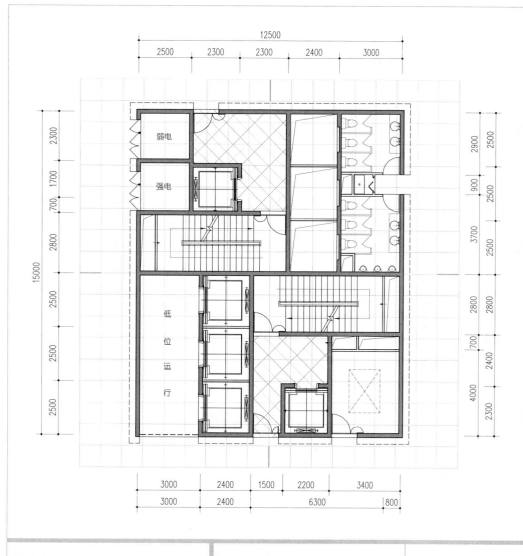

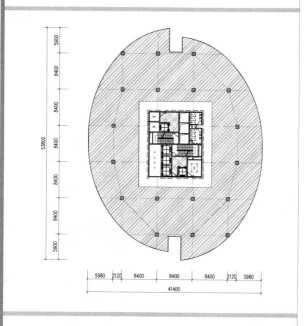

写字楼标准层平面示意图

写字楼标准层面积（m²）：1677

写字楼建筑面积（m²）	30186
核心筒面积/标准层面积（%）	11.2%
层数	18
柱网（mm）	8400
建筑面积/客电梯数（m²/台）	5031

核心筒标准层平面

核心筒标准层轴线面积（m²）：187.5

建筑面积适用范围（m²）	18000~30000	
标准层面积限制范围（m²）	可＞1500	
标准层客电梯数量（台）	6	高低位分段运行
标准层服务兼消防电梯数量（台）	2	层层停靠

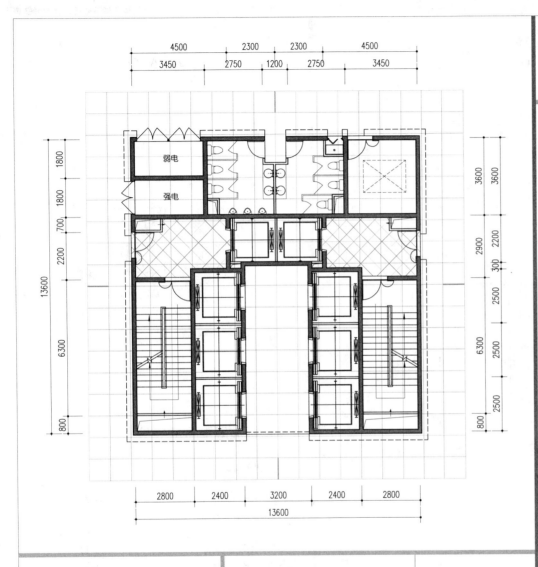

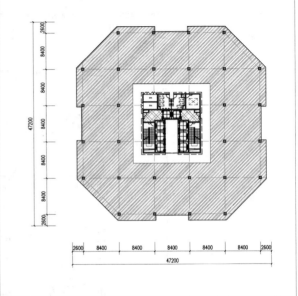

写字楼标准层平面示意图

写字楼标准层面积（m²）：1798

写字楼建筑面积（m²）	28768
核心筒面积/标准层面积（%）	10.3%
层数	16
柱网（mm）	8400
建筑面积/客电梯数（m²/台）	4795

核心筒标准层平面

核心筒标准层轴线面积（m²）：184.96

建筑面积适用范围（m²）	18000~30000	
标准层面积限制范围（m²）	可＞1500	
标准层客电梯数量（台）	6	高低位分段运行
标准层服务兼消防电梯数量（台）	2	层层停靠

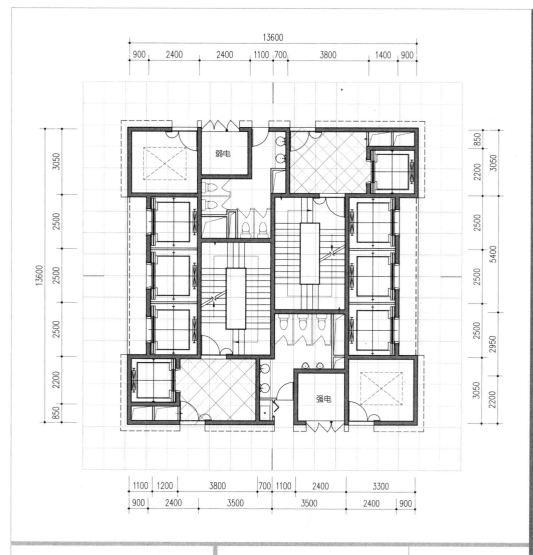

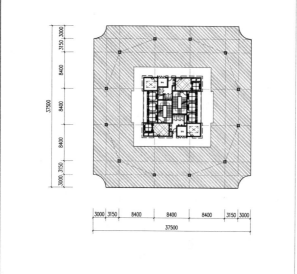

写字楼标准层平面示意图

写字楼标准层面积（m²）：1378

写字楼建筑面积（m²）	30316
核心筒面积/标准层面积（%）	13.4%
层数	22
柱网（mm）	8400
建筑面积/客电梯数（m²/台）	5053

核心筒标准层平面

核心筒标准层轴线面积（m²）：184.96

建筑面积适用范围（m²）	18000~30000	
标准层面积限制范围（m²）	可＞1500	
标准层客电梯数量（台）	6	高低位分段运行
标准层服务兼消防电梯数量（台）	2	层层停靠

27

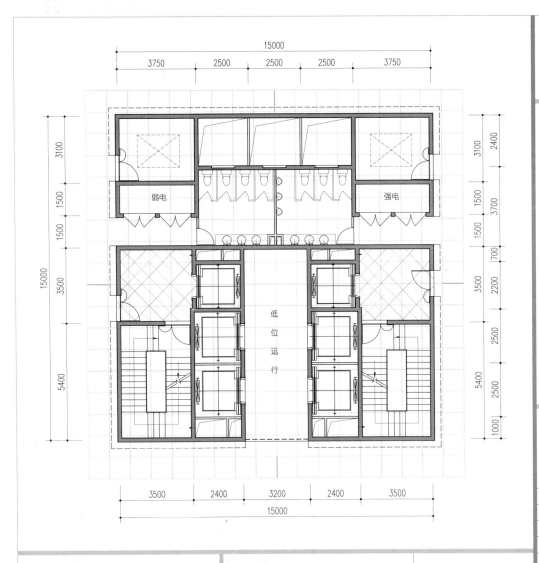

弱电

强电

低位运行

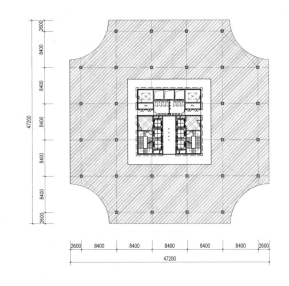

7 A-2

写字楼标准层平面示意图

写字楼标准层面积（m²）：1965

写字楼建筑面积（m²）	33405
核心筒面积/标准层面积（%）	11.5%
层数	17
柱网（mm）	8400
建筑面积/客电梯数（m²/台）	4772

核心筒标准层平面

核心筒标准层轴线面积（m²）：225

建筑面积适用范围（m²）	21000~35000	
标准层面积限制范围（m²）	可>1500	
标准层客电梯数量（台）	7	高低位分段运行
标准层服务兼消防电梯数量（台）	2	层层停靠

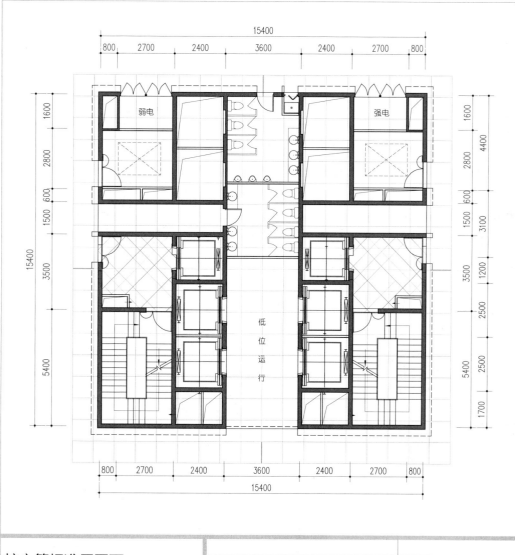

弱电

强电

低位运行

核心筒标准层平面

核心筒标准层轴线面积（m²）：237.16

建筑面积适用范围（m²）	24000~40000	
标准层面积限制范围（m²）	可＞1500	
标准层客电梯数量（台）	8	高低位分段运行
标准层服务兼消防电梯数量（台）	2	层层停靠

8 A-2

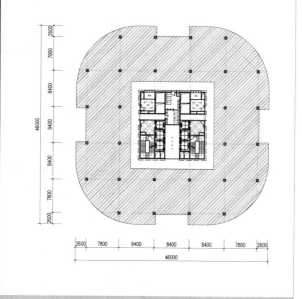

写字楼标准层平面示意图

写字楼标准层面积（m²）：1861

写字楼建筑面积（m²）	40942
核心筒面积/标准层面积（%）	12.7%
层数	22
柱网（mm）	8400
建筑面积/客电梯数（m²/台）	5118

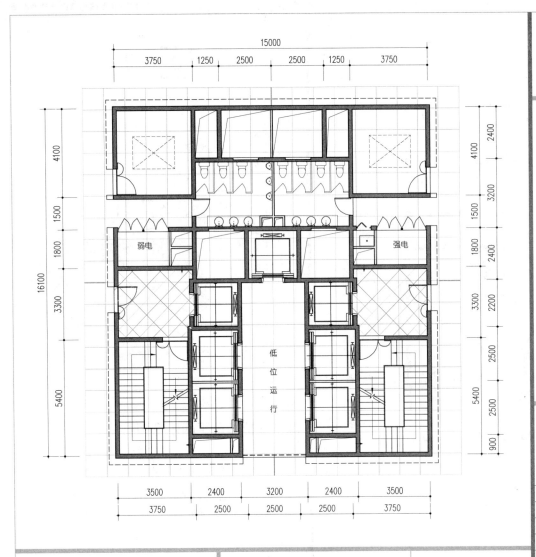

弱电

强电

低
位
运
行

核心筒标准层平面

核心筒标准层轴线面积（m²）：241.5

写字楼标准层平面示意图

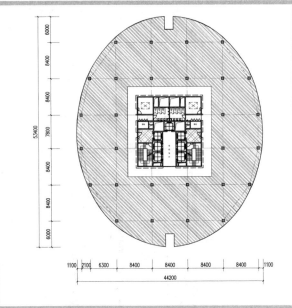

写字楼标准层面积（m²）：1843

写字楼建筑面积（m²）	42389
核心筒面积/标准层面积（%）	13.1%
层数	23
柱网（mm）	8400
建筑面积/客电梯数（m²/台）	4710

建筑面积适用范围（m²）	27000~45000	
标准层面积限制范围（m²）	可>1500	
标准层客电梯数量（台）	9	高低位分段运行
标准层服务兼消防电梯数量（台）	2	层层停靠

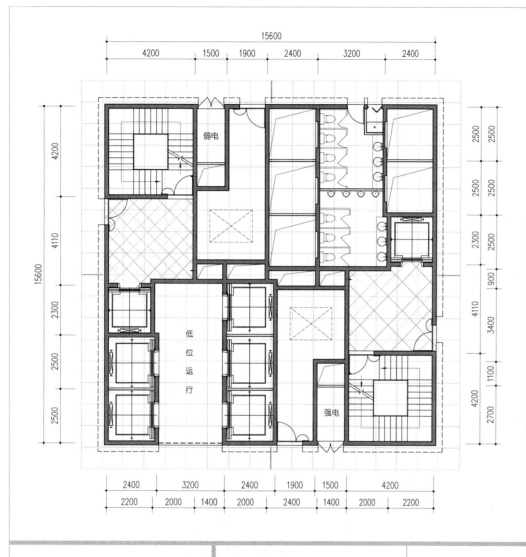

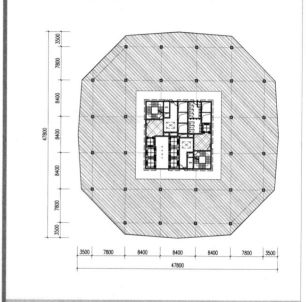

10 A-2

写字楼标准层平面示意图

写字楼标准层面积（m²）：1946

写字楼建筑面积（m²）	44758
核心筒面积/标准层面积（%）	12.6%
层数	23
柱网（mm）	8400
建筑面积/客电梯数（m²/台）	4476

核心筒标准层平面

核心筒标准层轴线面积（m²）：243.36

建筑面积适用范围（m²）		30000~50000
标准层面积限制范围（m²）		可＞1500
标准层客电梯数量（台）	10	高低位分段运行
标准层服务兼消防电梯数量（台）	2	层层停靠

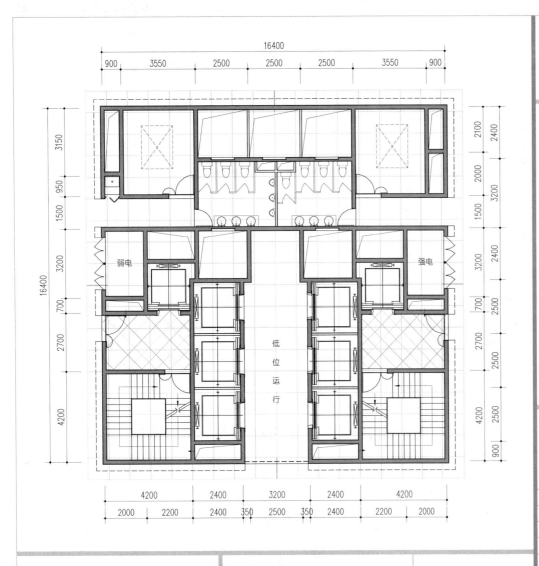

核心筒标准层平面

核心筒标准层轴线面积（m²）：268.96

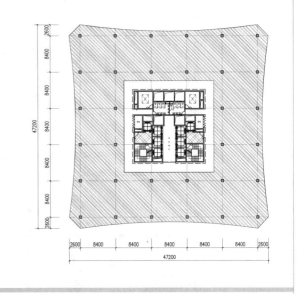

写字楼标准层平面示意图

写字楼标准层面积（m²）：2046

写字楼建筑面积（m²）	47058
核心筒面积/标准层面积（%）	13.1%
层数	23
柱网（mm）	8400
建筑面积/客电梯数（m²/台）	4278

建筑面积适用范围（m²）	33000~55000	
标准层面积限制范围（m²）	可＞1500	
标准层客电梯数量（台）	11	高低位分段运行
标准层服务兼消防电梯数量（台）	2	层层停靠

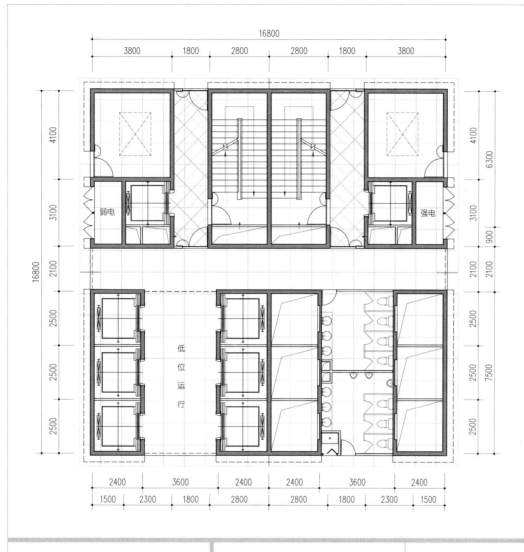

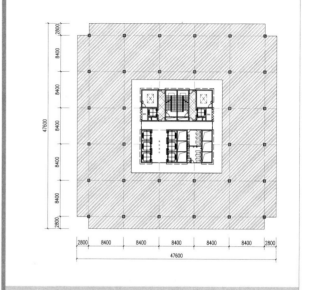

写字楼标准层平面示意图

写字楼标准层面积（m²）：2234

写字楼建筑面积（m²）	51382
核心筒面积/标准层面积（%）	12.6%
层数	23
柱网（mm）	8400
建筑面积/客电梯数（m²/台）	4282

核心筒标准层平面

核心筒标准层轴线面积（m²）：282.24

建筑面积适用范围（m²）	36000~60000	
标准层面积限制范围（m²）	可＞1500	
标准层客电梯数量（台）	12	高低位分段运行
标准层服务兼消防电梯数量（台）	2	层层停靠

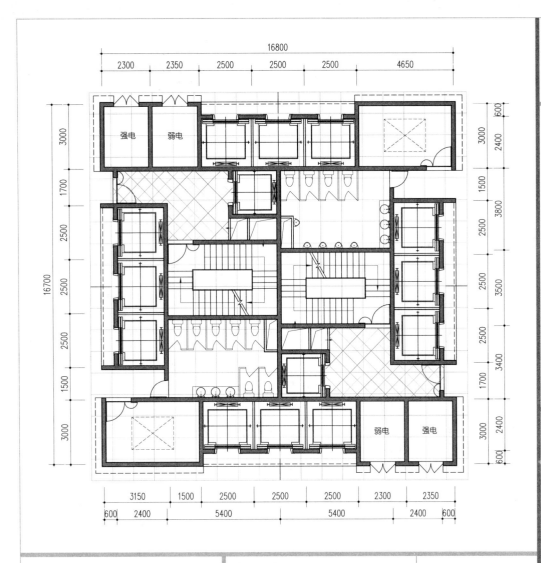

核心筒标准层平面

核心筒标准层轴线面积（m²）：280.56

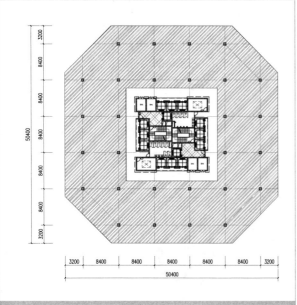

写字楼标准层平面示意图

写字楼标准层面积（m²）：2304

写字楼建筑面积（m²）	52992
核心筒面积/标准层面积（%）	12.2%
层数	23
柱网（mm）	8400
建筑面积/客电梯数（m²/台）	4416

建筑面积适用范围（m²）	36000~60000	
标准层面积限制范围（m²）	可＞1500	
标准层客电梯数量（台）	12	高低位分段运行
标准层服务兼消防电梯数量（台）	2	层层停靠

2 Rectangular

长方形

核心筒标准层平面

核心筒标准层轴线面积（m²）：151.32

建筑面积适用范围（m²）		6000~10000
标准层面积限制范围（m²）		≤1500
标准层客电梯数量（台）	2	层层停靠
标准层服务兼消防电梯数量（台）	1	层层停靠

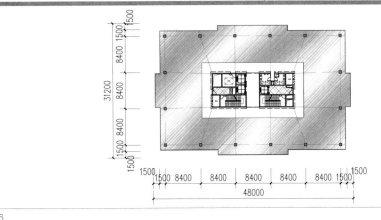

写字楼标准层平面示意图

写字楼标准层面积（m²）：1284

写字楼建筑面积（m²）	8988
核心筒面积/标准层面积（%）	11.8%
层数	7
柱网（mm）	8400
建筑面积/客电梯数（m²/台）	4494

核心筒标准层平面

核心筒标准层轴线面积（m²）：151.20

建筑面积适用范围（m²）		6000~10000
标准层面积限制范围（m²）		≤1500
标准层客电梯数量（台）	2	层层停靠
标准层服务兼消防电梯数量（台）	1	层层停靠

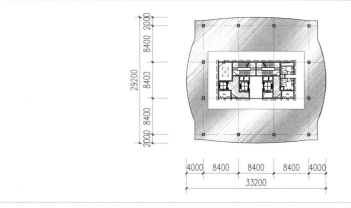

写字楼标准层平面示意图

写字楼标准层面积（m²）：883

写字楼建筑面积（m²）	9713
核心筒面积/标准层面积（%）	17.1%
层数	11
柱网（mm）	8400
建筑面积/客电梯数（m²/台）	4857

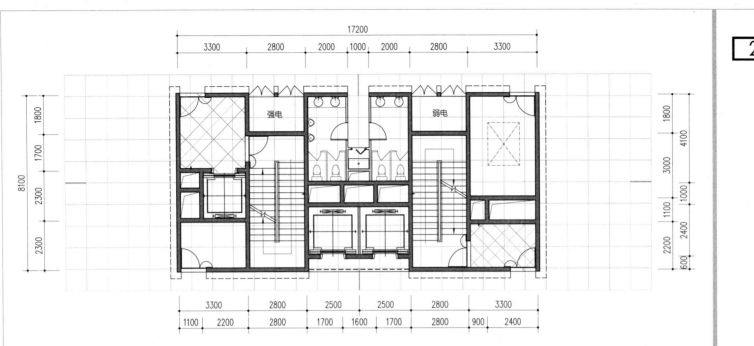

强电

弱电

核心筒标准层平面

核心筒标准层轴线面积（m²）：139.32

建筑面积适用范围（m²）	6000~10000	
标准层面积限制范围（m²）	≤1500	
标准层客电梯数量（台）	2	层层停靠
标准层服务兼消防电梯数量（台）	1	层层停靠

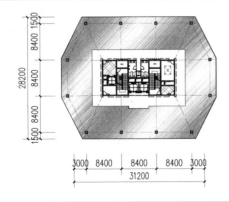

写字楼标准层平面示意图

写字楼标准层面积（m²）：948

写字楼建筑面积（m²）	9480
核心筒面积/标准层面积（%）	14.7%
层数	10
柱网（mm）	8400
建筑面积/客电梯数（m²/台）	4740

核心筒标准层平面

核心筒标准层轴线面积（m²）：160.38

建筑面积适用范围（m²）		9000~15000
标准层面积限制范围（m²）		≤1500
标准层客电梯数量（台）	3	层层停靠
标准层服务兼消防电梯数量（台）	1	层层停靠

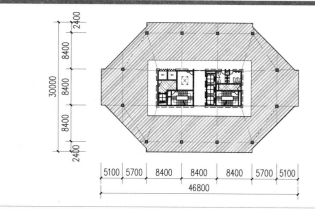

写字楼标准层平面示意图

写字楼标准层面积（m²）：1133

写字楼建筑面积（m²）	14729
核心筒面积/标准层面积（%）	14.2%
层数	13
柱网（mm）	8400
建筑面积/客电梯数（m²/台）	4910

核心筒标准层平面

核心筒标准层轴线面积（m²）：168

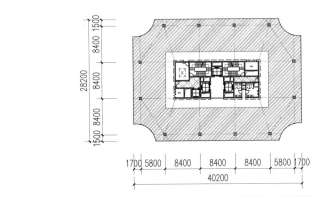

建筑面积适用范围（m²）		9000~15000	
标准层面积限制范围（m²）		≤1500	
标准层客电梯数量（台）	3	层层停靠	
标准层服务兼消防电梯数量（台）	1	层层停靠	

写字楼标准层平面示意图

写字楼标准层面积（m²）：1067

写字楼建筑面积（m²）	14938
核心筒面积/标准层面积（%）	15.7%
层数	14
柱网（mm）	8400
建筑面积/客电梯数（m²/台）	4979

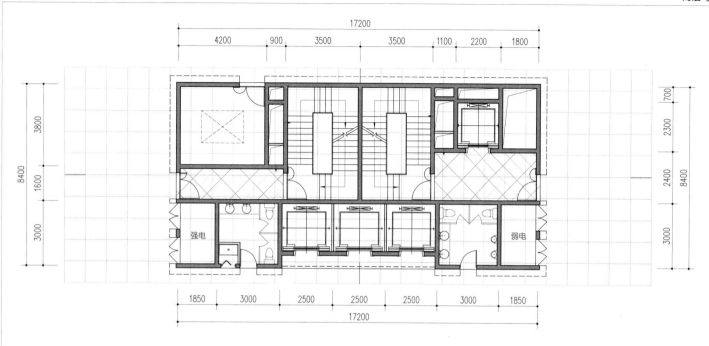

3 | C-1

核心筒标准层平面

核心筒标准层轴线面积（m²）：144.48

建筑面积适用范围（m²）		6000~15000	
标准层面积限制范围（m²）		≤1500	
标准层客电梯数量（台）	3	层层停靠	
标准层服务兼消防电梯数量（台）	1	层层停靠	

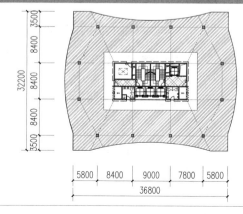

写字楼标准层平面示意图

写字楼标准层面积（m²）：1144

写字楼建筑面积（m²）	14872
核心筒面积/标准层面积（%）	12.6%
层数	13
柱网（mm）	8400
建筑面积/客电梯数（m²/台）	4957

核心筒标准层平面

核心筒标准层轴线面积（m²）：137.28

建筑面积适用范围（m²）		9000~15000	
标准层面积限制范围（m²）		≤1500	
标准层客电梯数量（台）	3	层层停靠	
标准层服务兼消防电梯数量（台）	1	层层停靠	

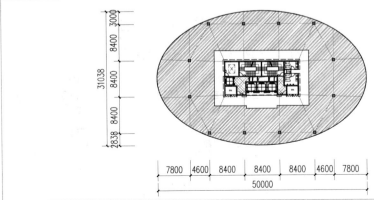

写字楼标准层平面示意图

写字楼标准层面积（m²）：1219

写字楼建筑面积（m²）	14628
核心筒面积/标准层面积（%）	11.3%
层数	12
柱网（mm）	8400
建筑面积/客电梯数（m²/台）	4876

4 A-1

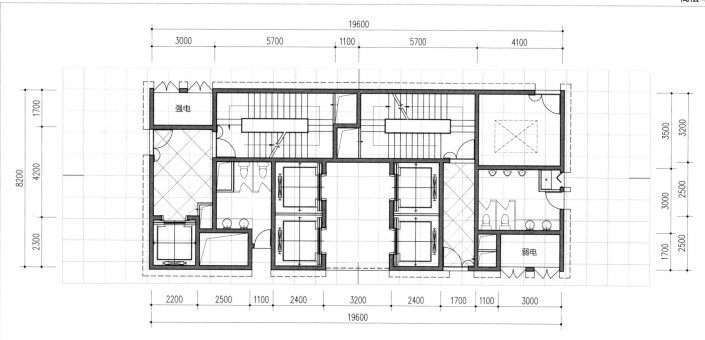

核心筒标准层平面

核心筒标准层轴线面积（m²）：160.72

建筑面积适用范围（m²）		12000~20000
标准层面积限制范围（m²）		≤1500
标准层客电梯数量（台）	4	可分段运行
标准层服务兼消防电梯数量（台）	1	层层停靠

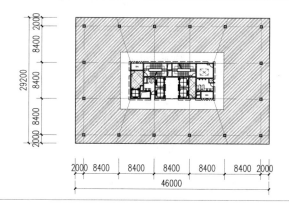

写字楼标准层平面示意图

写字楼标准层面积（m²）：1343

写字楼建筑面积（m²）	20145
核心筒面积/标准层面积（%）	12%
层数	15
柱网（mm）	8400
建筑面积/客电梯数（m²/台）	5036

强电

弱电

核心筒标准层平面

核心筒标准层轴线面积（m²）：161.54

建筑面积适用范围（m²）		12000~20000
标准层面积限制范围（m²）		≤1500
标准层客电梯数量（台）	4	可分段运行
标准层服务兼消防电梯数量（台）	1	层层停靠

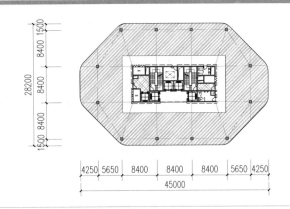

写字楼标准层平面示意图

写字楼标准层面积（m²）：1071

写字楼建筑面积（m²）	19278
核心筒面积/标准层面积（%）	15.1%
层数	18
柱网（mm）	8400
建筑面积/客电梯数（m²/台）	4820

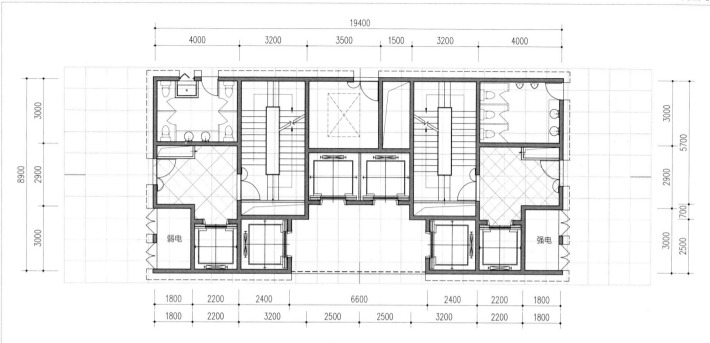

核心筒标准层平面

核心筒标准层轴线面积（m²）：172.66

建筑面积适用范围（m²）		12000~20000
标准层面积限制范围（m²）		可>1500
标准层客电梯数量（台）	4	层层停靠
标准层服务兼消防电梯数量（台）	2	层层停靠

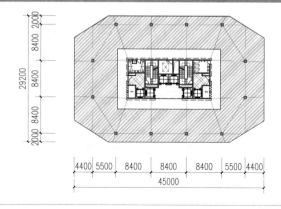

写字楼标准层平面示意图

写字楼标准层面积（m²）：1233

写字楼建筑面积（m²）	19728
核心筒面积/标准层面积（%）	14%
层数	16
柱网（mm）	8400
建筑面积/客电梯数（m²/台）	4932

核心筒标准层平面

核心筒标准层轴线面积（m²）：154.86

建筑面积适用范围（m²）		12000~20000
标准层面积限制范围（m²）		≤1500
标准层客电梯数量（台）	4	可分段运行
标准层服务兼消防电梯数量（台）	1	层层停靠

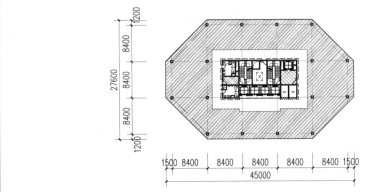

写字楼标准层平面示意图

写字楼标准层面积（m²）：1052

写字楼建筑面积（m²）	19988
核心筒面积/标准层面积（%）	14.7%
层数	19
柱网（mm）	8400
建筑面积/客电梯数（m²/台）	4997

核心筒标准层平面

核心筒标准层轴线面积（m²）：160.08

建筑面积适用范围（m²）		12000~20000
标准层面积限制范围（m²）		可>1500
标准层客电梯数量（台）	4	可分段运行
标准层服务兼消防电梯数量（台）	2	层层停靠

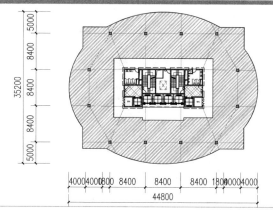

写字楼标准层平面示意图

写字楼标准层面积（m²）：1287

写字楼建筑面积（m²）	19305
核心筒面积/标准层面积（%）	12.4%
层数	15
柱网（mm）	8400
建筑面积/客电梯数（m²/台）	4826

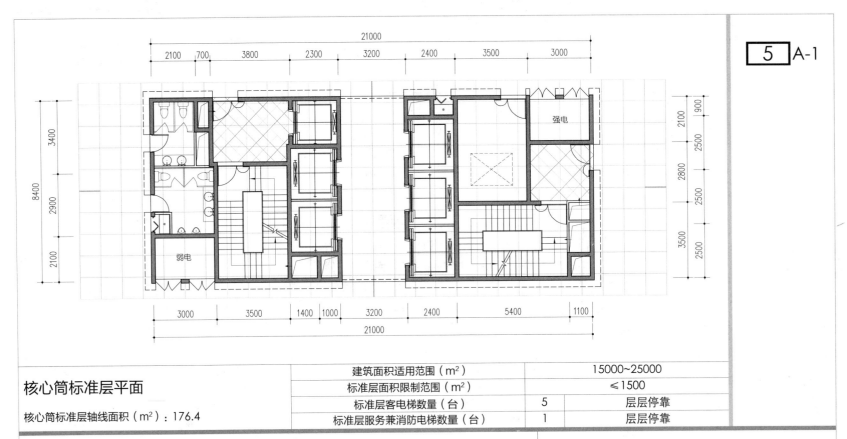

核心筒标准层平面

核心筒标准层轴线面积（m²）：176.4

建筑面积适用范围（m²）		15000~25000
标准层面积限制范围（m²）		≤1500
标准层客电梯数量（台）	5	层层停靠
标准层服务兼消防电梯数量（台）	1	层层停靠

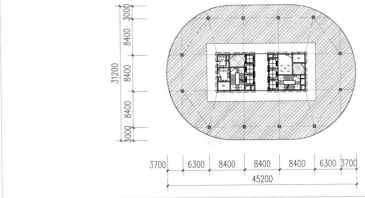

写字楼标准层平面示意图

写字楼标准层面积（m²）：1201

写字楼建筑面积（m²）	25221
核心筒面积/标准层面积（%）	14.7%
层数	21
柱网（mm）	8400
建筑面积/客电梯数（m²/台）	5044

核心筒标准层平面

核心筒标准层轴线面积（m²）：180.20

建筑面积适用范围（m²）		15000~25000	
标准层面积限制范围（m²）		可>1500	
标准层客电梯数量（台）	5	层层停靠	
标准层服务兼消防电梯数量（台）	2	层层停靠	

写字楼标准层平面示意图

写字楼标准层面积（m²）：1209

写字楼建筑面积（m²）	24180
核心筒面积/标准层面积（%）	14.9%
层数	20
柱网（mm）	8400
建筑面积/客电梯数（m²/台）	4836

弱电

强电

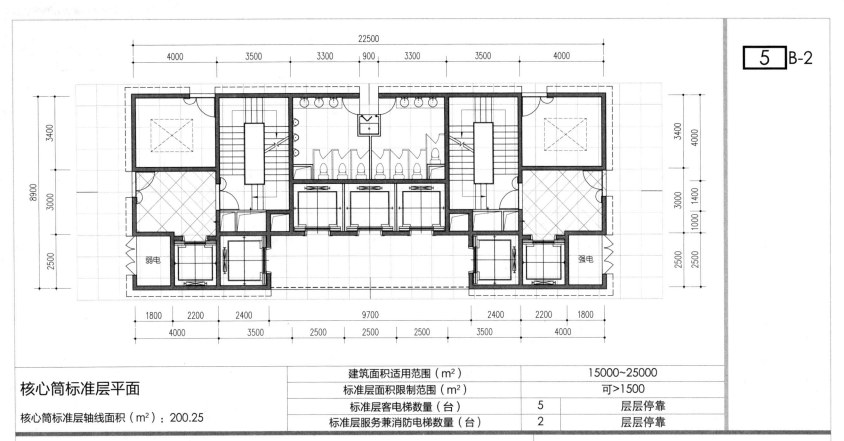

核心筒标准层平面

核心筒标准层轴线面积（m²）：200.25

建筑面积适用范围（m²）		15000~25000
标准层面积限制范围（m²）		可>1500
标准层客电梯数量（台）	5	层层停靠
标准层服务兼消防电梯数量（台）	2	层层停靠

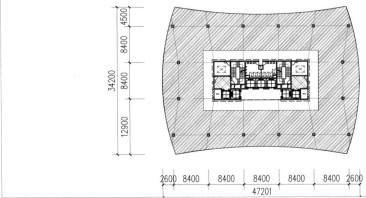

写字楼标准层平面示意图

写字楼标准层面积（m²）：1445

写字楼建筑面积（m²）	24565
核心筒面积/标准层面积（%）	13.9%
层数	17
柱网（mm）	8400
建筑面积/客电梯数（m²/台）	4913

核心筒标准层平面

核心筒标准层轴线面积（m²）：180.96

建筑面积适用范围（m²）		18000~30000
标准层面积限制范围（m²）		≤1500
标准层客电梯数量（台）	6	可分段运行
标准层服务兼消防电梯数量（台）	1	层层停靠

写字楼标准层平面示意图

写字楼标准层面积（m²）：1209

写字楼建筑面积（m²）	27807
核心筒面积/标准层面积（%）	15%
层数	23
柱网（mm）	8400
建筑面积/客电梯数（m²/台）	4635

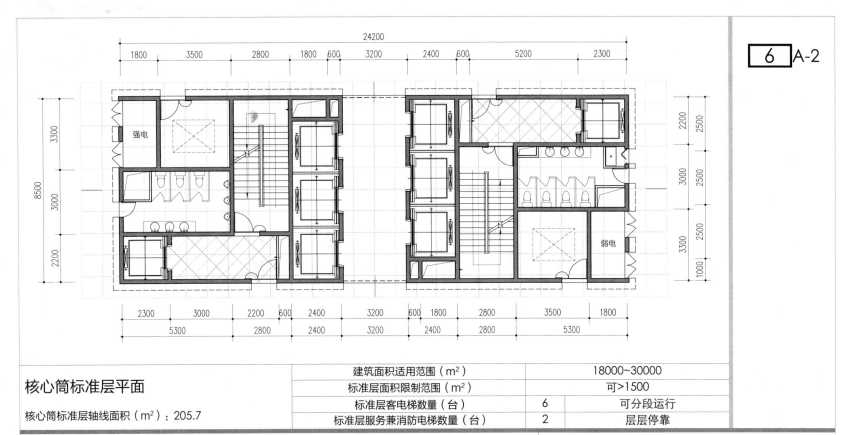

核心筒标准层平面

核心筒标准层轴线面积（m²）：205.7

建筑面积适用范围（m²）		18000~30000
标准层面积限制范围（m²）		可>1500
标准层客电梯数量（台）	6	可分段运行
标准层服务兼消防电梯数量（台）	2	层层停靠

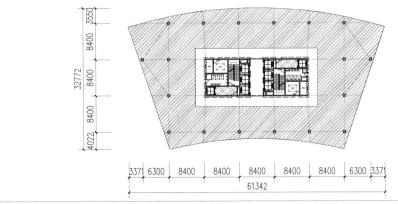

写字楼标准层平面示意图

写字楼标准层面积（m²）：1572

写字楼建筑面积（m²）	29868
核心筒面积/标准层面积（%）	13.1%
层数	19
柱网（mm）	8400
建筑面积/客电梯数（m²/台）	4978

6 B-2

核心筒标准层平面

核心筒标准层轴线面积（m²）：203.84

建筑面积适用范围（m²）		18000~30000
标准层面积限制范围（m²）		可>1500
标准层客电梯数量（台）	6	可分段运行
标准层服务兼消防电梯数量（台）	2	层层停靠

写字楼标准层平面示意图

写字楼标准层面积（m²）：1169

写字楼建筑面积（m²）	26887
核心筒面积/标准层面积（%）	17.4%
层数	23
柱网（mm）	8400
建筑面积/客电梯数（m²/台）	4481

核心筒标准层平面

核心筒标准层轴线面积（m²）：182.36

建筑面积适用范围（m²）		18000~30000
标准层面积限制范围（m²）		可>1500
标准层客电梯数量（台）	6	高低位分段运行
标准层服务兼消防电梯数量（台）	2	层层停靠

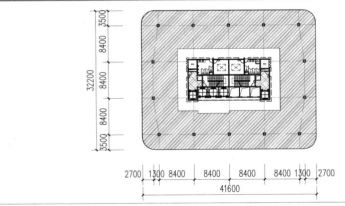

写字楼标准层平面示意图

写字楼标准层面积（m²）：1332

写字楼建筑面积（m²）	29304
核心筒面积/标准层面积（%）	13.7%
层数	22
柱网（mm）	8400
建筑面积/客电梯数（m²/台）	4884

核心筒标准层平面

核心筒标准层轴线面积（m²）：237.15

建筑面积适用范围（m²）		24000~40000
标准层面积限制范围（m²）		可>1500
标准层客电梯数量（台）	8	高低位分段运行
标准层服务兼消防电梯数量（台）	2	层层停靠

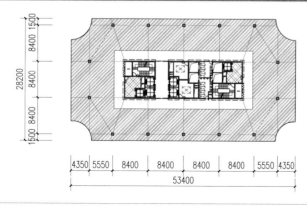

写字楼标准层平面示意图

写字楼标准层面积（m²）：1433

写字楼建筑面积（m²）	32959
核心筒面积/标准层面积（%）	16.5%
层数	23
柱网（mm）	8400
建筑面积/客电梯数（m²/台）	4119

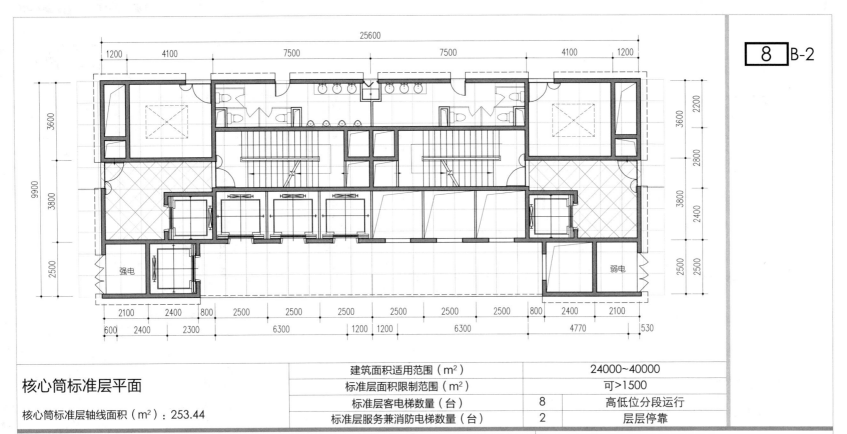

核心筒标准层平面

核心筒标准层轴线面积（m²）：253.44

建筑面积适用范围（m²）		24000~40000
标准层面积限制范围（m²）		可>1500
标准层客电梯数量（台）	8	高低位分段运行
标准层服务兼消防电梯数量（台）	2	层层停靠

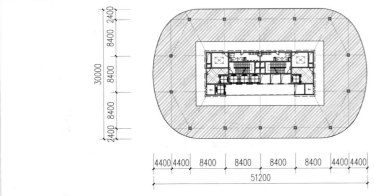

写字楼标准层平面示意图

写字楼标准层面积（m²）：1405

写字楼建筑面积（m²）	32315
核心筒面积/标准层面积（%）	18%
层数	23
柱网（mm）	8400
建筑面积/客电梯数（m²/台）	4039

8 C-2

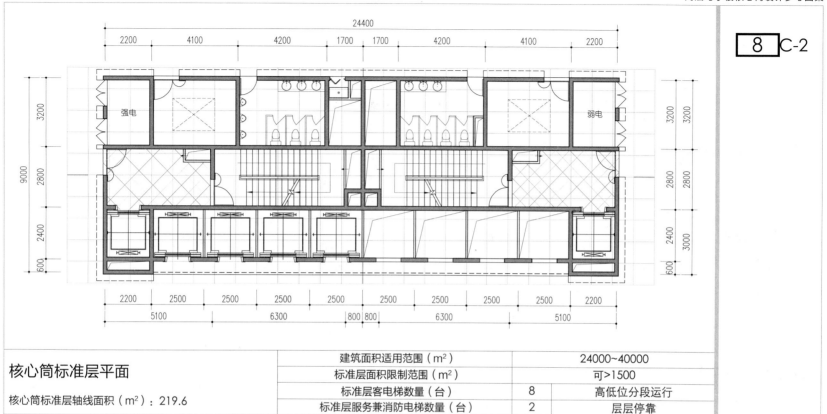

核心筒标准层平面

核心筒标准层轴线面积（m²）：219.6

建筑面积适用范围（m²）		24000~40000
标准层面积限制范围（m²）		可>1500
标准层客电梯数量（台）	8	高低位分段运行
标准层服务兼消防电梯数量（台）	2	层层停靠

写字楼标准层平面示意图

写字楼标准层面积（m²）：1802

写字楼建筑面积（m²）	39644
核心筒面积/标准层面积（%）	12.2%
层数	22
柱网（mm）	8400
建筑面积/客电梯数（m²/台）	4956

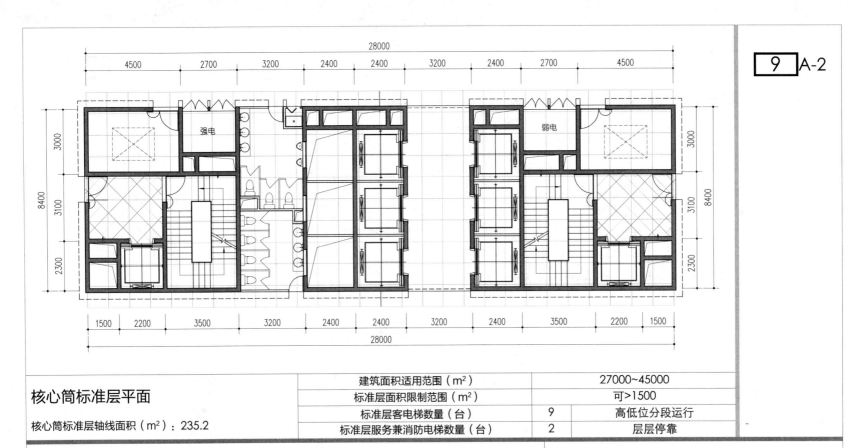

核心筒标准层平面

核心筒标准层轴线面积（m²）：235.2

建筑面积适用范围（m²）		27000~45000
标准层面积限制范围（m²）		可>1500
标准层客电梯数量（台）	9	高低位分段运行
标准层服务兼消防电梯数量（台）	2	层层停靠

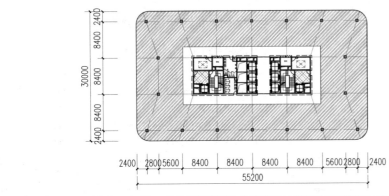

写字楼标准层平面示意图

写字楼标准层面积（m²）：1648

写字楼建筑面积（m²）	37904
核心筒面积/标准层面积（%）	14.3%
层数	23
柱网（mm）	8400
建筑面积/客电梯数（m²/台）	4212

10 A-2

核心筒标准层平面

核心筒标准层轴线面积（m²）：237.6

建筑面积适用范围（m²）	30000~50000	
标准层面积限制范围（m²）	可>1500	
标准层客电梯数量（台）	10	高低位分段运行
标准层服务兼消防电梯数量（台）	2	层层停靠

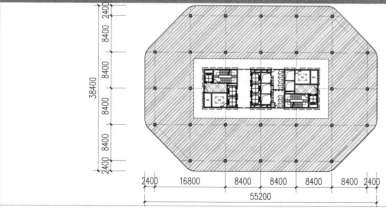

写字楼标准层平面示意图

写字楼标准层面积（m²）：1885

写字楼建筑面积（m²）	43355
核心筒面积/标准层面积（%）	12.6%
层数	23
柱网（mm）	8400
建筑面积/客电梯数（m²/台）	4336

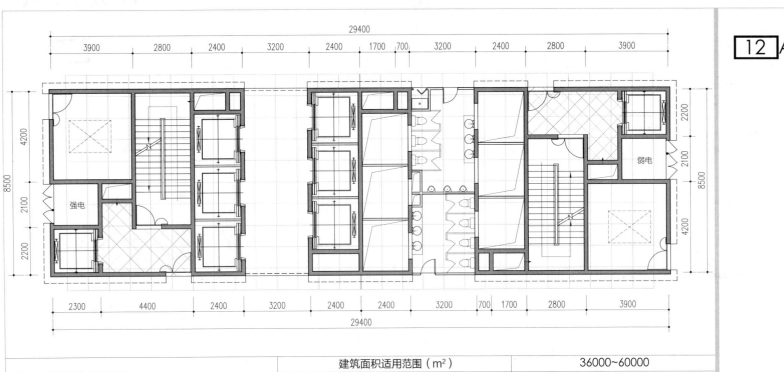

核心筒标准层平面

核心筒标准层轴线面积（m²）：249.9

建筑面积适用范围（m²）		36000~60000
标准层面积限制范围（m²）		可>1500
标准层客电梯数量（台）	12	高低位分段运行
标准层服务兼消防电梯数量（台）	2	层层停靠

写字楼标准层平面示意图

写字楼标准层面积（m²）：2261

写字楼建筑面积（m²）	52003
核心筒面积/标准层面积（%）	11.1%
层数	23
柱网（mm）	8400
建筑面积/客电梯数（m²/台）	4334

3 △

Triangle

三角形

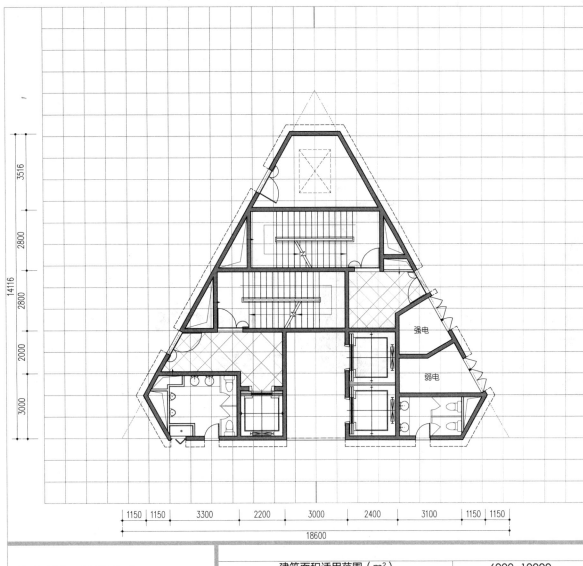

核心筒标准层平面

核心筒标准层轴线面积（m²）：142.93

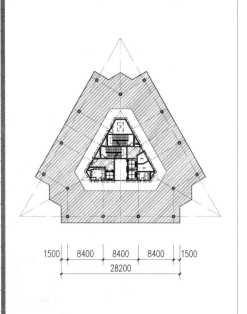

写字楼标准层平面示意图

写字楼标准层面积（m²）：975

写字楼建筑面积（m²）	9750
核心筒面积/标准层面积（%）	14.7%
层数	10
柱网（mm）	8400
建筑面积/客电梯数（m²/台）	4875

建筑面积适用范围（m²）	6000~10000	
标准层面积限制范围（m²）	≤1500	
标准层客电梯数量（台）	2	层层停靠
标准层服务兼消防电梯数量（台）	1	层层停靠

A-1

强电

弱电

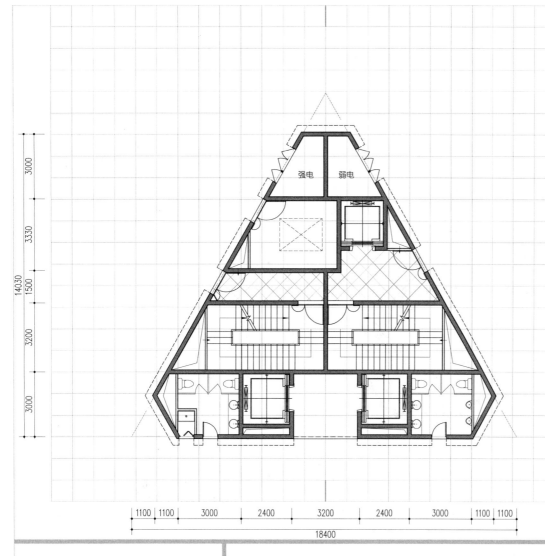

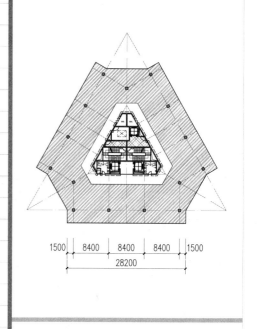

写字楼标准层平面示意图

写字楼标准层面积（m²）：1110

写字楼建筑面积（m²）	9990
核心筒面积/标准层面积（%）	12.7%
层数	9
柱网（mm）	8400
建筑面积/客电梯数（m²/台）	4995

核心筒标准层平面

核心筒标准层轴线面积（m²）：141.36

建筑面积适用范围（m²）	6000~10000	
标准层面积限制范围（m²）	≤1500	
标准层客电梯数量（台）	2	层层停靠
标准层服务兼消防电梯数量（台）	1	层层停靠

B-1

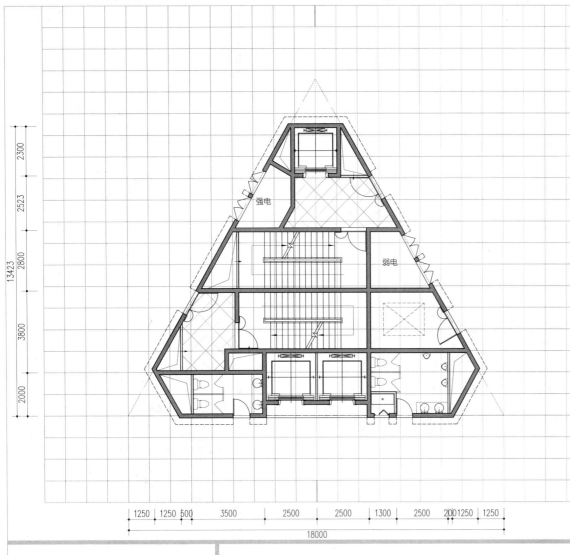

核心筒标准层平面图尺寸标注：
- 纵向（从上至下）：2300 / 2523 / 2800 / 3800 / 2000，总计 13423
- 横向（从左至右）：1250 / 1250 / 500 / 3500 / 2500 / 2500 / 1300 / 2500 / 200 / 1250 / 1250，总计 18000

图中标注：强电、弱电

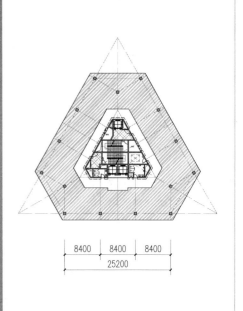

写字楼标准层平面示意图

写字楼标准层面积（m²）：964

写字楼建筑面积（m²）	9640
核心筒面积/标准层面积（%）	13.7%
层数	10
柱网（mm）	8400
建筑面积/客电梯数（m²/台）	4820

示意图尺寸：8400 / 8400 / 8400，总计 25200

核心筒标准层平面

核心筒标准层轴线面积（m²）：132.18

建筑面积适用范围（m²）	6000~10000	
标准层面积限制范围（m²）	≤1500	
标准层客电梯数量（台）	2	层层停靠
标准层服务兼消防电梯数量（台）	1	层层停靠

C-1

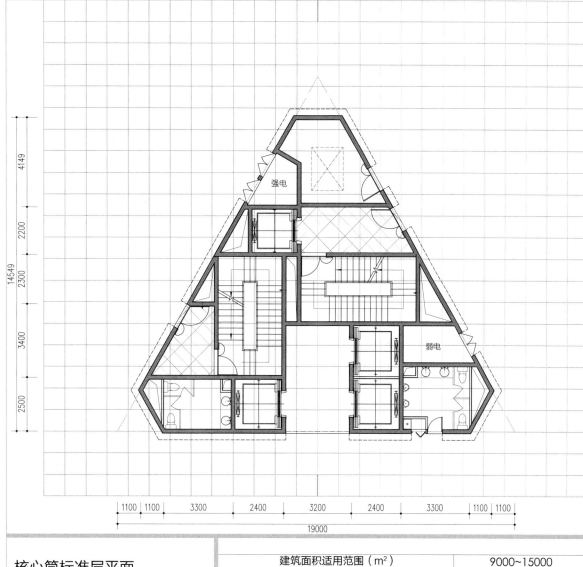

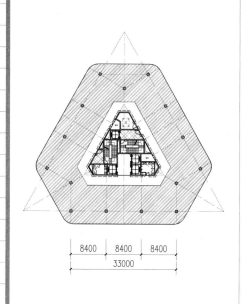

写字楼标准层平面示意图

写字楼标准层面积（m²）：1162

写字楼建筑面积（m²）	15106
核心筒面积/标准层面积（%）	12.92%
层数	13
柱网（mm）	8400
建筑面积/客电梯数（m²/台）	5035

核心筒标准层平面

核心筒标准层轴线面积（m²）：150.03

建筑面积适用范围（m²）	9000~15000	
标准层面积限制范围（m²）	≤1500	
标准层客电梯数量（台）	3	层层停靠
标准层服务兼消防电梯数量（台）	1	层层停靠

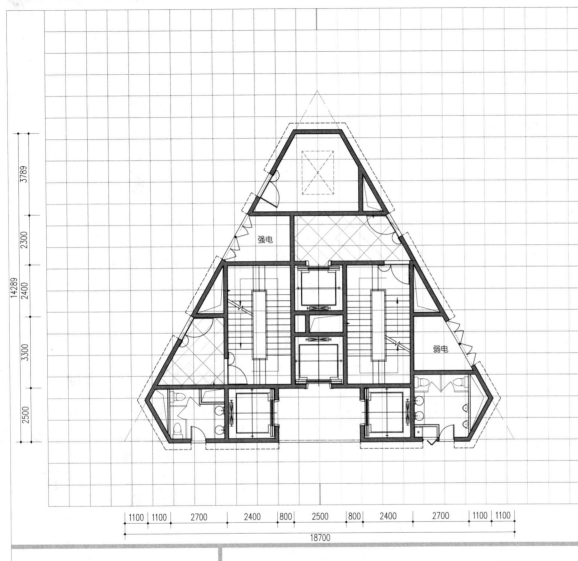

强电

弱电

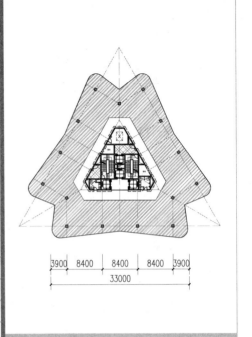

写字楼标准层平面示意图

写字楼标准层面积（m²）：1069

写字楼建筑面积（m²）	14966
核心筒面积/标准层面积（%）	13.6%
层数	14
柱网（mm）	8400
建筑面积/客电梯数（m²/台）	4989

核心筒标准层平面

核心筒标准层轴线面积（m²）：145.13

建筑面积适用范围（m²）	9000~15000	
标准层面积限制范围（m²）	≤1500	
标准层客电梯数量（台）	3	层层停靠
标准层服务兼消防电梯数量（台）	1	层层停靠

B-1

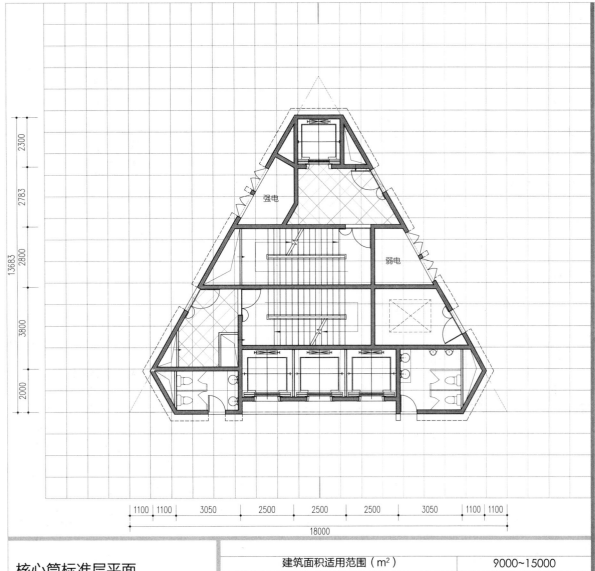

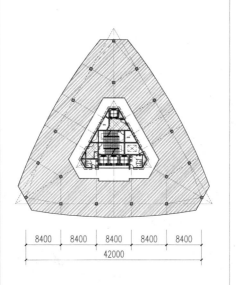

写字楼标准层平面示意图

写字楼标准层面积（m²）：1256

写字楼建筑面积（m²）	13816
核心筒面积/标准层面积（%）	10.7%
层数	11
柱网（mm）	8400
建筑面积/客电梯数（m²/台）	4605

核心筒标准层平面

核心筒标准层轴线面积（m²）：134.01

建筑面积适用范围（m²）	9000~15000	
标准层面积限制范围（m²）	≤1500	
标准层客电梯数量（台）	3	层层停靠
标准层服务兼消防电梯数量（台）	1	层层停靠

 C-1

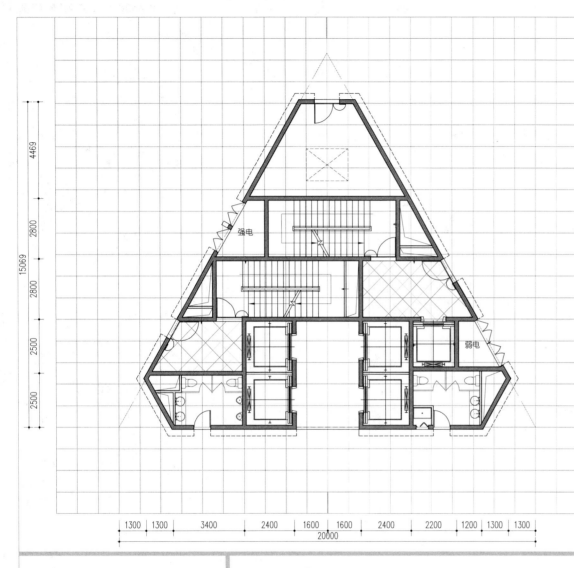

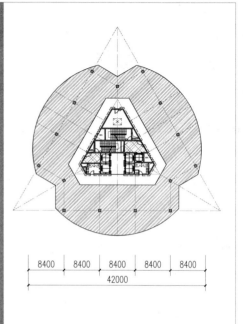

写字楼标准层平面示意图

写字楼标准层面积（m²）：1211

写字楼建筑面积（m²）	19376
核心筒面积/标准层面积（%）	13.6%
层数	16
柱网（mm）	8400
建筑面积/客电梯数（m²/台）	4844

核心筒标准层平面

核心筒标准层轴线面积（m²）：164.42

建筑面积适用范围（m²）	12000~20000	
标准层面积限制范围（m²）	≤1500	
标准层客电梯数量（台）	4	层层停靠
标准层服务兼消防电梯数量（台）	1	层层停靠

A-1

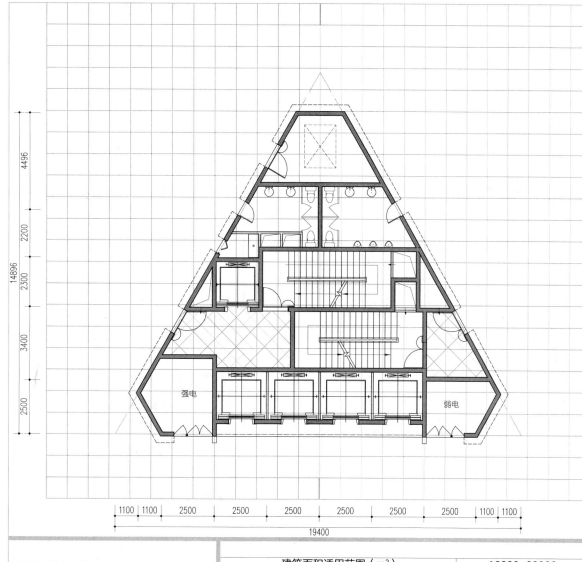

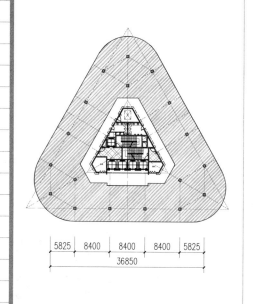

写字楼标准层平面示意图

写字楼标准层面积（m²）：1350

写字楼建筑面积（m²）	20250
核心筒面积/标准层面积（%）	11.6%
层数	15
柱网（mm）	8400
建筑面积/客电梯数（m²/台）	5063

核心筒标准层平面

核心筒标准层轴线面积（m²）：156.68

建筑面积适用范围（m²）	12000~20000	
标准层面积限制范围（m²）	≤1500	
标准层客电梯数量（台）	4	层层停靠
标准层服务兼消防电梯数量（台）	1	层层停靠

 C-1

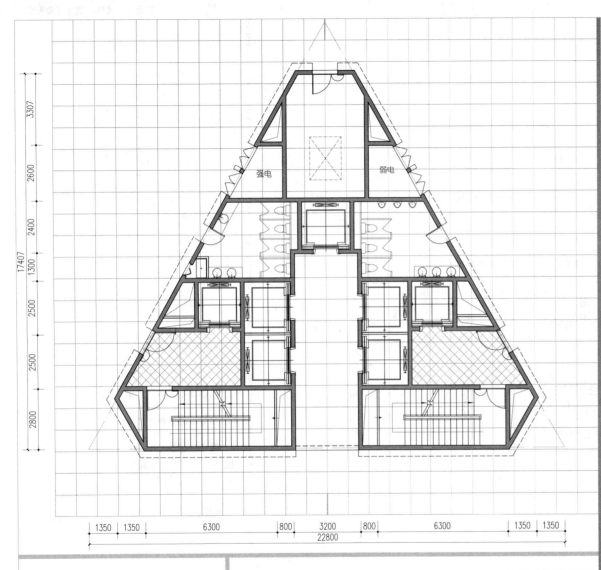

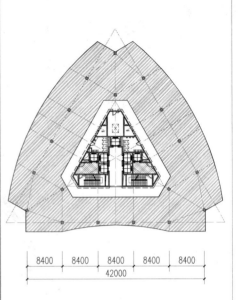

写字楼标准层平面示意图

写字楼标准层面积（m²）：1600

写字楼建筑面积（m²）	24000
核心筒面积/标准层面积（%）	13.5%
层数	15
柱网（mm）	8400
建筑面积/客电梯数（m²/台）	4800

核心筒标准层平面

核心筒标准层轴线面积（m²）：215.68

建筑面积适用范围（m²）	15000~25000	
标准层面积限制范围（m²）	可>1500	
标准层客电梯数量（台）	5	层层停靠
标准层服务兼消防电梯数量（台）	2	层层停靠

B-2

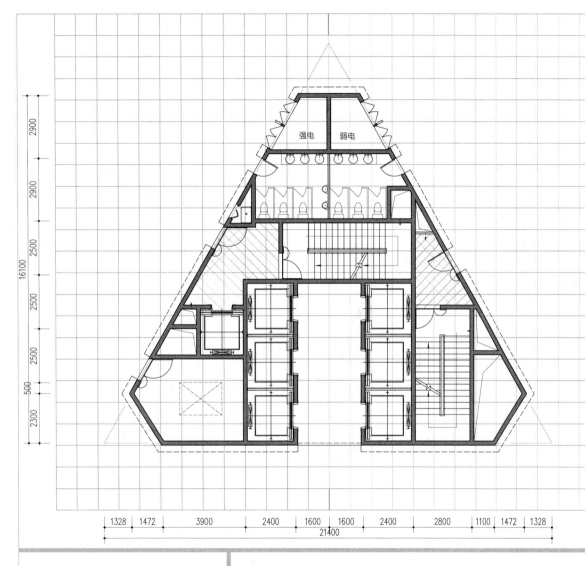

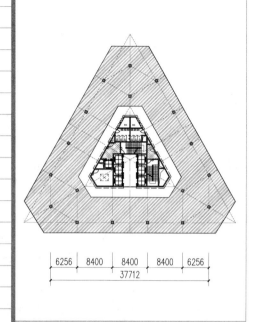

写字楼标准层平面示意图

写字楼标准层面积（m²）：1398

写字楼建筑面积（m²）	29358
核心筒面积/标准层面积（%）	13.5%
层数	21
柱网（mm）	8400
建筑面积/客电梯数（m²/台）	4893

核心筒标准层平面

核心筒标准层轴线面积（m²）：188.45

建筑面积适用范围（m²）	18000～30000	
标准层面积限制范围（m²）	≤1500	
标准层客电梯数量（台）	6	层层停靠
标准层服务兼消防电梯数量（台）	1	层层停靠

 A-1

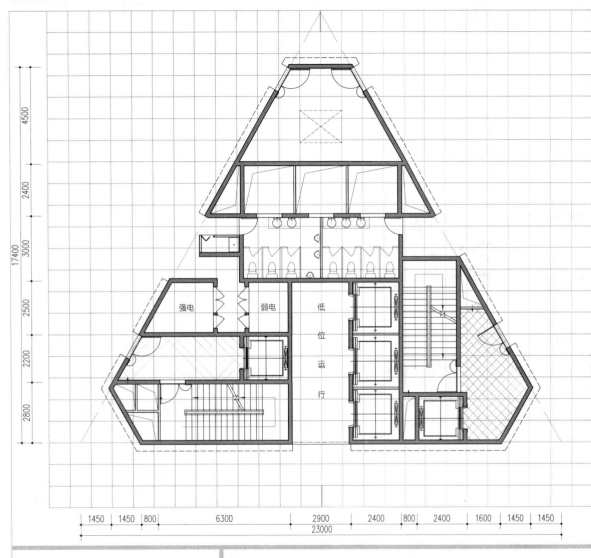

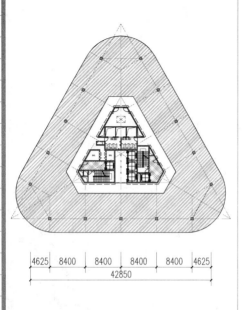

写字楼标准层平面示意图

写字楼标准层面积（m²）：1555

写字楼建筑面积（m²）	29545
核心筒面积/标准层面积（%）	14%
层数	19
柱网（mm）	8400
建筑面积/客电梯数（m²/台）	4924

核心筒标准层平面

核心筒标准层轴线面积（m²）：218.14

建筑面积适用范围（m²）	18000~30000	
标准层面积限制范围（m²）	可>1500	
标准层客电梯数量（台）	6	高低位分段运行
标准层服务兼消防电梯数量（台）	2	层层停靠

 A-2

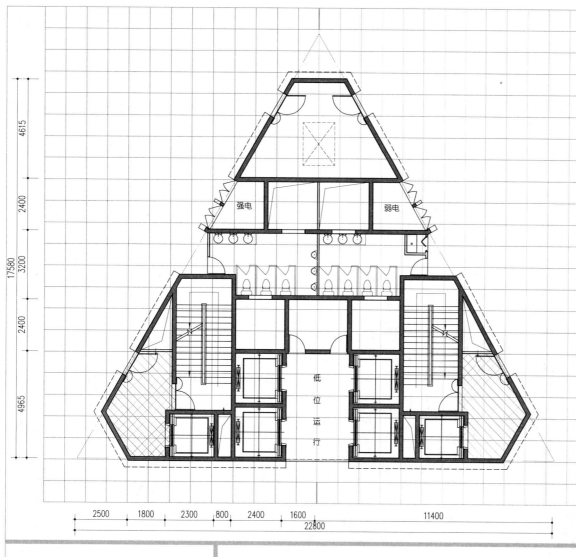

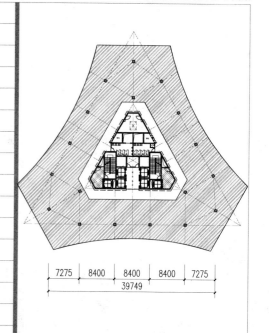

写字楼标准层平面示意图

写字楼标准层面积（m²）：1667

写字楼建筑面积（m²）	38341
核心筒面积/标准层面积（%）	13%
层数	23
柱网（mm）	8400
建筑面积/客电梯数（m²/台）	4793

核心筒标准层平面

核心筒标准层轴线面积（m²）：216.97

建筑面积适用范围（m²）	24000~40000	
标准层面积限制范围（m²）	可>1500	
标准层客电梯数量（台）	8	高低位分段运行
标准层服务兼消防电梯数量（台）	2	层层停靠

 A-2

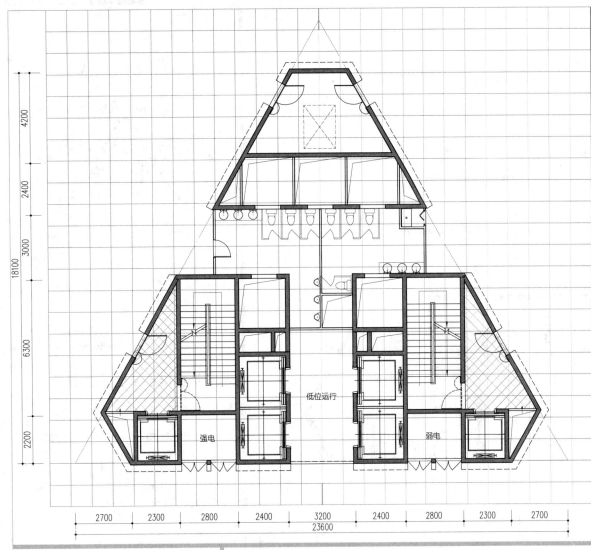

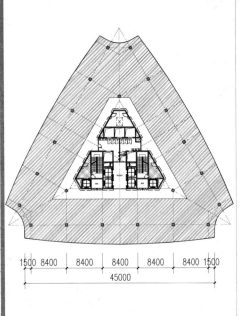

写字楼标准层平面示意图

写字楼标准层面积（m²）：1723

写字楼建筑面积（m²）	39629
核心筒面积/标准层面积（%）	13.4%
层数	23
柱网（mm）	8400
建筑面积/客电梯数（m²/台）	3963

核心筒标准层平面

核心筒标准层轴线面积（m²）：231.7

建筑面积适用范围（m²）	27000~45000	
标准层面积限制范围（m²）	可＞1500	
标准层客电梯数量（台）	9	高低位分段运行
标准层服务兼消防电梯数量（台）	2	层层停靠

 A-2

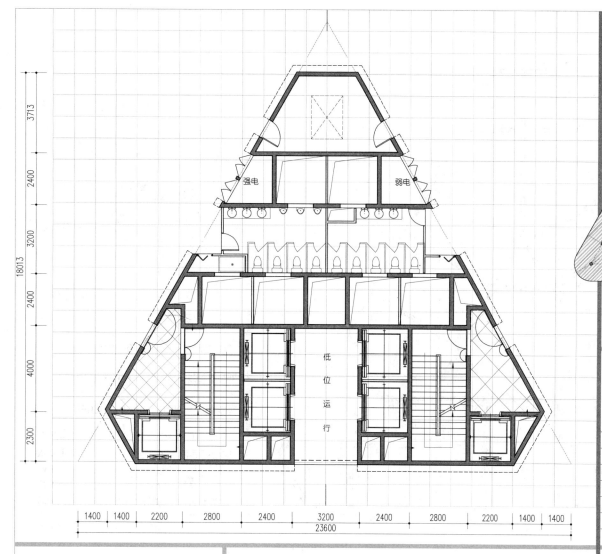

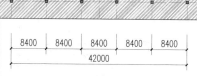

写字楼标准层平面示意图

写字楼标准层面积（m²）：1885

写字楼建筑面积（m²）	43355
核心筒面积/标准层面积（%）	12.3%
层数	23
柱网（mm）	8400
建筑面积/客电梯数（m²/台）	4336

核心筒标准层平面

核心筒标准层轴线面积（m²）：230.99

建筑面积适用范围（m²）	30000~50000	
标准层面积限制范围（m²）	可 >1500	
标准层客电梯数量（台）	10	高低位分段运行
标准层服务兼消防电梯数量（台）	2	层层停靠

A-2
10

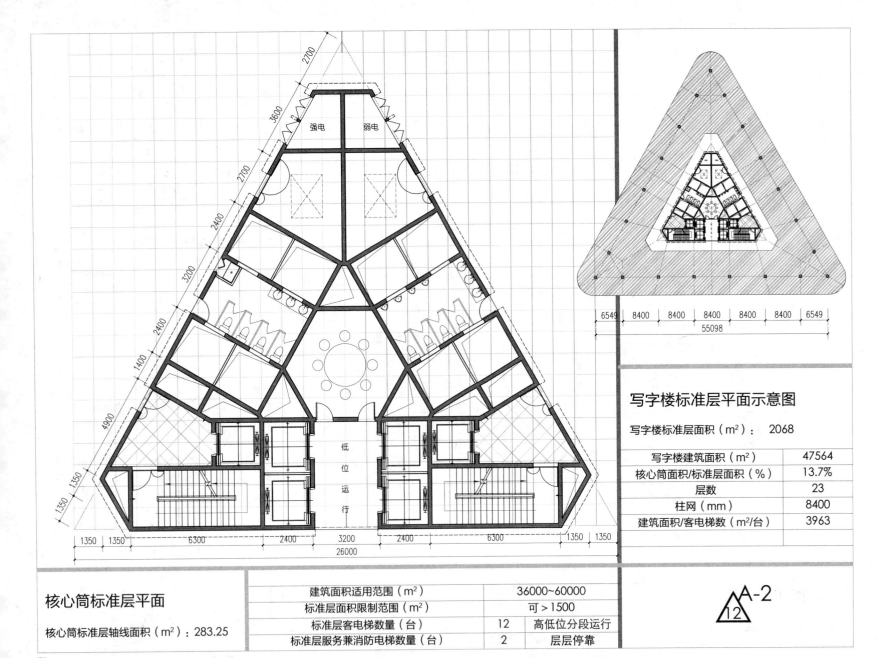

强电　弱电

低位运行

核心筒标准层平面

核心筒标准层轴线面积（m²）：283.25

写字楼标准层平面示意图

写字楼标准层面积（m²）：2068

写字楼建筑面积（m²）	47564
核心筒面积/标准层面积（%）	13.7%
层数	23
柱网（mm）	8400
建筑面积/客电梯数（m²/台）	3963

建筑面积适用范围（m²）	36000~60000	
标准层面积限制范围（m²）	可＞1500	
标准层客电梯数量（台）	12	高低位分段运行
标准层服务兼消防电梯数量（台）	2	层层停靠

A-2
12

4

The Middle Aisle

中间过道形

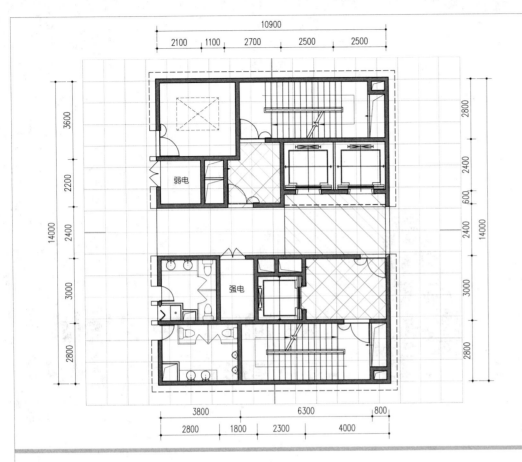

核心筒标准层平面

核心筒标准层轴线面积（m²）：157.62

建筑面积适用范围（m²）	6000~10000	
标准层面积限制范围（m²）	≤1500	
标准层客电梯数量（台）	2	层层停靠
标准层服务兼消防电梯数量（台）	1	层层停靠

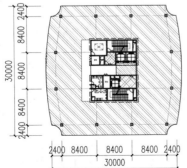

写字楼标准层平面示意图

写字楼标准层面积（m²）：923

写字楼建筑面积（m²）	9230
核心筒面积/标准层面积（%）	17%
层数	10
柱网（mm）	8400
建筑面积/客电梯数（m²/台）	4615

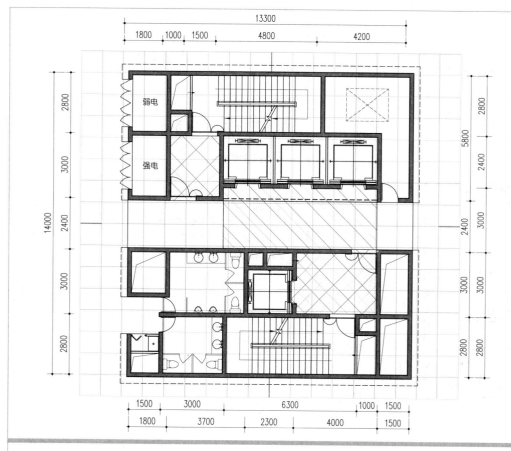

核心筒标准层平面

核心筒标准层轴线面积（m²）：191.7

建筑面积适用范围（m²）	9000~15000	
标准层面积限制范围（m²）	≤1500	
标准层客电梯数量（台）	3	层层停靠
标准层服务兼消防电梯数量（台）	1	层层停靠

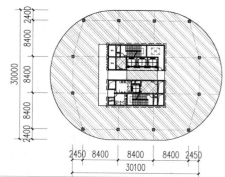

写字楼标准层平面示意图

写字楼标准层面积（m²）：1032

写字楼建筑面积（m²）	14448
核心筒面积/标准层面积（%）	18.6%
层数	14
柱网（mm）	8400
建筑面积/客电梯数（m²/台）	4816

 A-1

核心筒标准层平面

核心筒标准层轴线面积（m²）：205.5

建筑面积适用范围（m²）	12000~20000	
标准层面积限制范围（m²）	≤1500	
标准层客电梯数量（台）	4	层层停靠
标准层服务兼消防电梯数量（台）	1	层层停靠

写字楼标准层平面示意图

写字楼标准层面积（m²）：1152

写字楼建筑面积（m²）	19584
核心筒面积/标准层面积（%）	17.8%
层数	17
柱网（mm）	8400
建筑面积/客电梯数（m²/台）	4896

4 B-2

核心筒标准层平面

核心筒标准层轴线面积（m²）：304.44

建筑面积适用范围（m²）	12000~20000	
标准层面积限制范围（m²）	可>1500	
标准层客电梯数量（台）	4	层层停靠
标准层服务兼消防电梯数量（台）	2	层层停靠

写字楼标准层平面示意图

写字楼标准层面积（m²）：2335

写字楼建筑面积（m²）	18956
核心筒面积/标准层面积（%）	11.2%
层数	7
柱网（mm）	8400
建筑面积/客电梯数（m²/台）	4739

弱电

强电

核心筒标准层平面

核心筒标准层轴线面积（m²）：203.06

建筑面积适用范围（m²）	15000~25000	
标准层面积限制范围（m²）	≤1500	
标准层客电梯数量（台）	5	层层停靠
标准层服务兼消防电梯数量（台）	1	层层停靠

写字楼标准层平面示意图

写字楼标准层面积（m²）：1270

写字楼建筑面积（m²）	24130
核心筒面积/标准层面积（%）	16%
层数	19
柱网（mm）	8400
建筑面积/客电梯数（m²/台）	4826

6 A-1

核心筒标准层平面

核心筒标准层轴线面积（m²）：256.5

建筑面积适用范围（m²）	18000~30000	
标准层面积限制范围（m²）	可>1500	
标准层客电梯数量（台）	6	层层停靠
标准层服务兼消防电梯数量（台）	2	层层停靠

男卫生间

弱电

强电

写字楼标准层平面示意图

写字楼标准层面积（m²）：1647

写字楼建筑面积（m²）	29646
核心筒面积/标准层面积（%）	15.6%
层数	18
柱网（mm）	8400
建筑面积/客电梯数（m²/台）	4941

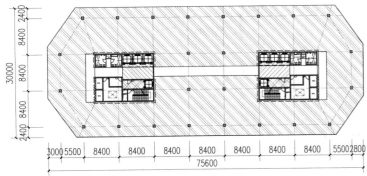

核心筒标准层平面

核心筒标准层轴线面积（m²）：315.84

建筑面积适用范围（m²）	18000~30000
标准层面积限制范围（m²）	可 > 1500
标准层客电梯数量（台）	6　层层停靠
标准层服务兼消防电梯数量（台）	2　层层停靠

写字楼标准层平面示意图

写字楼标准层面积（m²）：2146

写字楼建筑面积（m²）	27898
核心筒面积/标准层面积（%）	14.7%
层数	13
柱网（mm）	8400
建筑面积/客电梯数（m²/台）	4650

弱电

强电

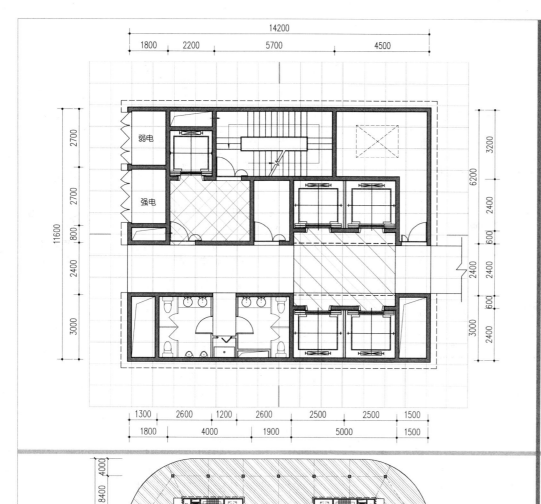

核心筒标准层平面

核心筒标准层轴线面积（m²）：339.84

建筑面积适用范围（m²）	24000~40000	
标准层面积限制范围（m²）	可>1500	
标准层客电梯数量（台）	8	层层停靠
标准层服务兼消防电梯数量（台）	2	层层停靠

写字楼标准层平面示意图

写字楼标准层面积（m²）：2169

写字楼建筑面积（m²）	34704
核心筒面积/标准层面积（%）	13.9%
层数	16
柱网（mm）	8400
建筑面积/客电梯数（m²/台）	4338

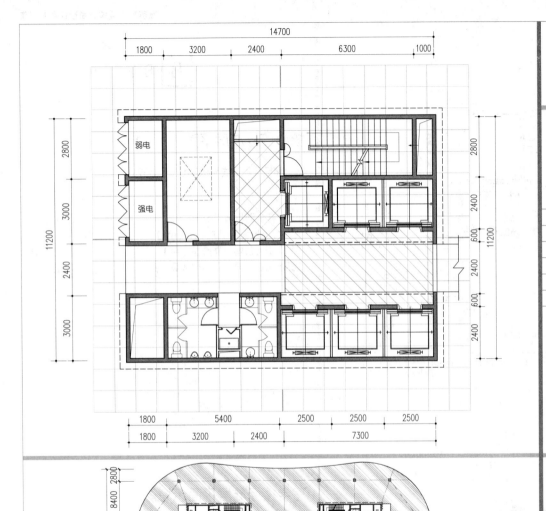

 B-2

核心筒标准层平面

核心筒标准层轴线面积（m²）：339.72

建筑面积适用范围（m²）	30000~50000	
标准层面积限制范围（m²）	可>1500	
标准层客电梯数量（台）	10	层层停靠
标准层服务兼消防电梯数量（台）	2	层层停靠

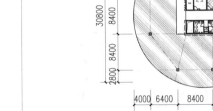

写字楼标准层平面示意图

写字楼标准层面积（m²）：2079

写字楼建筑面积（m²）	43659
核心筒面积/标准层面积（%）	16.3%
层数	21
柱网（mm）	8400
建筑面积/客电梯数（m²/台）	4366

B-2

核心筒标准层平面

核心筒标准层轴线面积（m²）：360.24

建筑面积适用范围（m²）	36000~60000	
标准层面积限制范围（m²）	可>1500	
标准层客电梯数量（台）	12	层层停靠
标准层服务兼消防电梯数量（台）	2	层层停靠

写字楼标准层平面示意图

写字楼标准层面积（m²）：2176

写字楼建筑面积（m²）	52224
核心筒面积/标准层面积（%）	16.6%
层数	24
柱网（mm）	8400
建筑面积/客电梯数（m²/台）	4352